海洋生态文明建设及制度体系研究

关道明　马明辉　许　妍　等　著

海洋出版社

2017 年·北京

图书在版编目（CIP）数据

海洋生态文明建设及制度体系研究/关道明等著.
—北京：海洋出版社，2016.12
ISBN 978-7-5027-9687-7

Ⅰ.①海… Ⅱ.①关… Ⅲ.①海洋环境-生态环境建设-研究-中国
Ⅳ.①X145

中国版本图书馆 CIP 数据核字（2017）第 009962 号

责任编辑：张　荣　安　淼
责任印制：赵麟苏

海洋出版社　　出版发行

http://www.oceanpress.com.cn

北京市海淀区大慧寺路 8 号　邮编：100081
北京朝阳印刷厂有限责任公司印刷
2017 年 4 月第 1 版　2017 年 4 月第 1 次印刷
开本：787mm×1092mm　1/16　印张：10.5
字数：150 千字　定价：58.00 元
发行部：62132549　邮购部：68038093　总编室：62114335

海洋版图书印、装错误可随时退换

《海洋生态文明建设及制度体系研究》
编 委 会

主　　编：关道明　马明辉　许　妍

编写组成员：梁　斌　洛　昊　鲍晨光　兰冬东

于春艳　李　冕　梁雅惠　朱容娟

前　言

生态文明是人类对传统文明形态特别是工业文明进行深刻反思的成果，是反映人与自然和谐程度的新型文明形态，体现了人类文明发展理念的重大进步。党的十八大报告以"大力推进生态文明建设"为题，把生态文明建设放在突出地位，并将其贯穿到经济建设、政治建设、文化建设、社会建设各方面和全过程，成为我国"五位一体"总体布局的重要组成部分。党的十八届三中全会报告提出要建设生态文明，必须建立系统完整的生态文明制度体系，用制度保护生态环境。党的十八届四中全会报告进一步明确指出要用严格的法律制度保护生态环境，强化生产者环境保护的法律责任，大幅度提高违法成本。建立健全完善相关法律法规制度，促进生态文明建设。这标志着生态文明建设已被提升为国家发展战略并开始付诸实践。

海洋在我国经济社会发展中占有极为重要的地位，是保障国家安全、缓解陆域资源紧张、拓展国民经济和社会发展空间的重要支撑系统。党的十八大以来，党中央、国务院高度重视生态文明建设，对生态文明建设做出了一系列重大部署，同时也对海洋生态文明建设提出了新的更高要求。党的十八届五中全会报告提出要构建科学合理的自然岸线格局，开展蓝色海湾整治行动。《关于加快推进生态文明建设的意见》《水污染防治行动计划》从海洋空间优化、海洋资源节约利用、海洋生态环境保护、制度建设等方面对海洋生态文明建设做出了系统部署。《生态文明体制改革总体方案》明确提出要健全海洋资源开发保护制度、完善海域海岛有偿使用制度。海洋生态文明建设作为我国生态文明建设的重要组成部分，具有尤为突出的战略地位和作用，深入持久地开展海洋生态文明建设对推进海洋经济可持续发展和美丽中国建设具有重要意义。

　　本研究以分析当前海洋生态环境和海洋管理状况为切入点，总结"十五"规划以来海洋生态环境的变化趋势和海洋管理面临的形势，结合海洋生态文明理论体系研究，系统构建海洋生态文明制度体系框架，提出"十三五"海洋生态文明建设的总体布局和重点任务。期冀通过本研究为推进我国海洋生态文明建设做出贡献。

目　次

中篇　我国海洋生态文明理论和配套制度体系研究

下篇　海洋生态文明建设总体战略和重点任务

上篇　我国海洋生态环境总体形势分析

　　海洋在支撑我国国民经济和沿海地区高速发展的同时，也承受着巨大的环境压力。近 10 年来，我国局部地区海洋生态退化和环境恶化的趋势明显、自然生境遭受破坏、生态安全面临严重威胁，海洋生态环境形势依然严峻。我国近岸劣四类海域面积由 2006 年的 $2.8×10^4$ km^2 增加至 2015 年的 $4.0×10^4$ km^2；沉积物质量状况总体良好，但部分站位超标现象依然存在。各主要河口和海湾生态系统退化严重，其中双台子河口、滦河—北戴河口、黄河口等河口区生态系统长期处于亚健康状态，渤海湾、莱州湾和锦州湾等海湾生态系统处于不健康或亚健康状态，渔业资源和浅海滩涂生物资源严重衰退，主要经济鱼类已形不成渔汛。

　　沿岸入海排污口超标排放以及长江、珠江、钱塘江、闽江等主要河流污染物入海量的增多，使辽河口、渤海湾、长江口、杭州湾和珠江口污染严重，水体富营养化程度加剧，重度富营养化面积较 1997 年增加了 1 倍。海洋赤潮灾害仍然处于多发期，累计发生赤潮海域为 $23.6×10^4$ km^2，主要集中在浙江、福建、河北和天津沿岸海域。2008 年以来，南黄海近岸海域连续发生大面积绿潮灾害，对当地渔业生产及滨海旅游等开发活动产生了严重影响。

　　海岸带开发强度持续加大，滩涂湿地和自然岸线资源急剧减少。目前，我国人工岸线比例高达 56.5%，自然岸线已不足 50%；重点海湾的水域面积出现 0.3% ~ 20.7% 不同程度的缩减；盘锦的芦苇湿地从 1987—2002 年丧失了 60% 以上；全国红树林面积较 20 世纪 50 年代初期减少近 70%，海岸带生态系统整体脆弱性明显。

近年来，海洋溢油突发环境事故风险升高，相继发生了山东长岛及大连新港重大溢油事故，造成了海洋生态环境的严重损害。黄、渤海滨海平原地区及南海部分沿海地区海水入侵灾害严重，辽宁、山东、江苏和海南部分岸段海岸侵蚀灾害严重。此外，气候变暖引起海平面上升、水温升高、海洋酸化和极端气候事件，成为我国近海生态环境面临的新威胁。

第一章　我国海洋生态环境现状与
趋势评估

　　我国海岸带和近岸海洋生态环境具有明显的地区性特征，海洋生物特有种和地方种种类较多，高度依赖于沿岸原始生境条件，生态系统和生物多样性的脆弱性明显。随着沿海经济的迅猛发展以及海洋开发利用的不断深入，我国局部地区海洋生态退化和环境恶化的趋势加剧，海洋生态环境质量总体状况尚未得到有效改善。随着国家新一轮沿海地区发展战略的实施，未来我国海洋生态环境面临的形势依然严峻。

第一节　海洋环境质量现状与趋势评估

一、水环境现状与趋势评估

（一）不同水质类别变化趋势

　　2015 年，我国管辖海域海水环境状况总体较好，符合一类海水水质标准的海域面积约占我国管辖海域面积的 95%，但近岸局部海域严重污染的形势依然严峻，15% 近岸海域水质劣于四类海水水质标准，总体呈现出距岸越近、污染越严重的空间分布态势，并具有显著的季节变化特征（图 1-1 和图 1-2）。

　　2006—2015 年，我国全海域符合一类海水水质标准的海域面积约占我国管辖海域面积的 95%，超一类海水水质标准的海域面积平均约

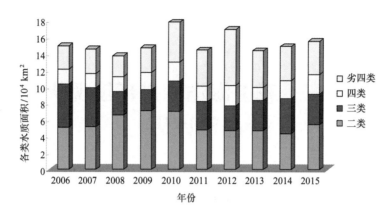

图 1-1　2006—2015 年我国不同水质类别的海域面积

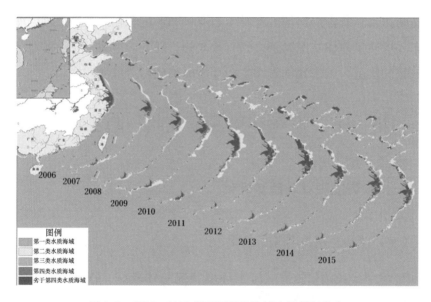

图 1-2　2006—2015 年我国管辖海域水质等级分布

为 $15.17×10^4$ km²，约占我国管辖海域面积的 5.1%。其中，2015 年的超一类海水水质标准面积比 2006 年降低了近 $0.596×10^4$ km²。

符合二类海水水质标准的海域平均面积约 $5.5×10^4$ km²，占超一类海水水质面积的近一半；近 10 年来在 $4.3×10^4$～$7.1×10^4$ km² 范围内波动，2006—2010 年呈显著上升趋势；2011 年以后有所下降；至 2015 年略有回升，面积为 $5.43×10^4$ km^2，较上一年增加 $1.1×10^4$ km^2。

符合三类海水水质标准的海域平均面积约 $3.7×10^4$ km^2，近 10 年来在 $2.5×10^4～5.2×10^4$ km^2 范围内波动，其年际变化较为剧烈，整体呈现波浪式发展态势，2015 年有所降低，面积为 $3.71×10^4$ km^2，较上一年减少 $0.57×10^4$ km^2。

污染较为严重的四类和劣四类海水水质面积，2006—2010 年整体呈上升趋势，2011 年略有下降，2012 年达到近 10 年的最高值，分别为 $2.47×10^4$ km^2 和 $6.79×10^4$ km^2；2013—2015 年四类海水水质有所升高，劣四类海水水质面积逐年下降，2015 年劣四类海水水质面积为 $4×10^4$ km^2，与 2012 年相比下降了 $2.79×10^4$ km^2，为近 6 年的最低值。劣于四类海水水质标准的区域主要分布在黄海北部、辽东湾、渤海湾、莱州湾、江苏盐城、长江口、杭州湾和珠江口的部分近岸海域。与 2012 年相比，烟台近岸、汕头近岸、珠江口以西沿岸、湛江港、钦州湾的部分海域污染有所加重。

（二）不同海区水质变化趋势

与 2014 年相比，2015 年渤海和东海劣于四类海水水质标准的海域面积分别减少了 $0.17×10^4$ km^2 和 $0.17×10^4$ km^2，黄海和南海劣于四类海水水质标准的海域面积则增加了 $0.17×10^4$ km^2 和 $0.05×10^4$ km^2。

渤海海区：2006—2015 年，渤海海区超一类海水水质标准的海域面积平均约为 $2.79×10^4$ km^2，其中符合四类、劣四类的海域面积占超一类海水水质海域面积比分别在 $8.7\%～24\%$ 和 $9.8\%～31.8\%$ 之间波动，最高值出现在 2008 年和 2012 年。2015 年渤海二类、三类、四类及劣于四类海水水质标准的海域面积分别占该类别水质总面积的 22.3%、21.7%、20.1% 和 10.2%。

黄海海区：2006—2015 年，黄海区超一类海水水质标准的海域面

积平均约为 $3.41×10^4 \, km^2$，其中符合四类、劣四类的海域面积占超一类海水水质标准的海域面积比分别在 11.1%~21.1% 和 8.1%~40.9% 之间波动，最高值出现在 2015 年和 2012 年。2015 年黄海符合二类、三类、四类及劣四类海水水质标准的海域面积分别占该类别水质总面积的 28.8%、26.2%、34.1% 和 11.7%。

东海海区：2006—2015 年，东海海区超一类海水水质标准的海域面积平均约为 $6.7×10^4 \, km^2$，其中符合四类、劣四类的海域面积占超一类海水水质标准的海域面积比分别在 7.8%~16.5% 和 21.9%~53.8% 之间波动，最高值出现在 2014 年和 2012 年。2015 年东海符合二类、三类、四类及劣四类海水水质标准的海域面积分别占该类别水质总面积的 40.6%、25.4%、38.2% 和 66.7%。

南海海区：2006—2015 年，南海海区超一类海水水质标准的海域面积平均约为 $2.27×10^4 \, km^2$，其中符合四类、劣四类海水水质标准的海域面积占超一类水质海域面积比分别在 7.0%~14.7% 和 9.3%~33.4% 之间波动，最高值出现在 2012 年和 2013 年。2015 年渤海符合第二类、三类、四类及劣四类海水水质标准的海域面积分别占该类别水质总面积的 8.3%、26.7%、7.6% 和 11.5%。

（三）主要污染要素的分布特征和变化情况

2015 年，影响我国近海海水水质的主要污染物仍是无机氮、活性磷酸盐和石油类，超一类海水水质标准的海域面积比例分别为 4.4%、2.1% 和 0.6%

1. 无机氮

2011—2013 年全海域水质监测中无机氮主要污染区域如图 1-3 所示。可见，无机氮是全海域的主要污染因子，受到无机氮严重污染的海域主要分布在黄海北部、辽东湾、渤海湾、莱州湾、江苏盐城、长江口、杭州湾和珠江口的部分近岸海域。2011—2015 年，无机氮含量超

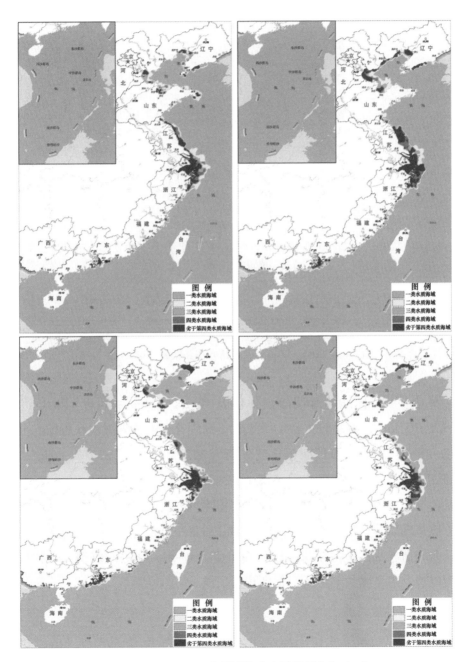

图 1-3　2011—2015 年夏季海水中无机氮分布（一）

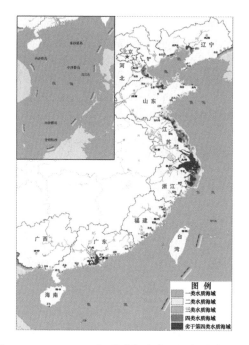

图1-3　2011—2015年夏季海水中无机氮分布（二）

一类海水水质标准的海域面积分别为 12.2×10^4 km²、14.7×10^4 km²、13.2×10^4 km²、13.2 km² 和 11.8 km²，其中符合劣四类海水水质标准占超一类水质标准的海域面积比例分别为 32.8%、44%、32.7%、29.8% 和 31.1%。从四大海区来看（图1-4和图1-5），2011—2015年，无机氮含量超一类海水水质标准的海域面积除东海区外，渤海、黄海和南海总体呈现先升后降的趋势。其中，渤海和黄海符合劣四类海水水质标准的海域面积所占比例在 $8.7\%\sim33\%$ 和 $8.3\%\sim41.8\%$ 之间波动，变化较为剧烈；东海区和南海区变化则较为平稳。

2. 活性磷酸盐

从2011—2015年全海域水质监测中活性磷酸盐主要污染区域图（图1-6）可见，海水中活性磷酸盐污染严重的海域主要分布在大连近岸、长江口、杭州湾和珠江口的局部海域，这些海域往往同时存在海水

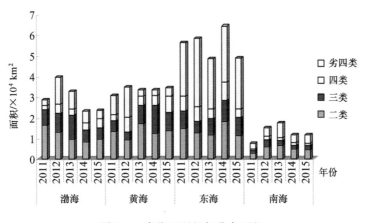

图1-4　各海区无机氮分布面积

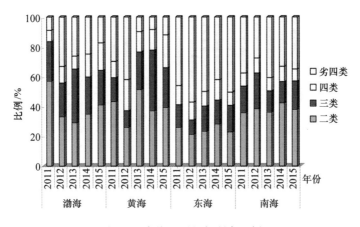

图1-5　各海区无机氮所占比例

中无机氮含量较高的现象，从而极易导致水体富营养化，并由此产生严重的赤潮灾害。2011—2015年，活性磷酸盐含量超一类海水水质标准的海域面积分别为 $8.3×10^4$ km²、$10.8×10^4$ km²、$6.2×10^4$ km²、$6.4×10^4$ km²和 $9.6×10^4$ km²，其中符合劣四类海水水质标准的海域占超一类水质标准的海域面积比例分别为25%、21.6%、19.1%、20.5%和24.6%，呈逐年递减趋势。从四大海区来看，2011—2015年，活性磷酸盐含量

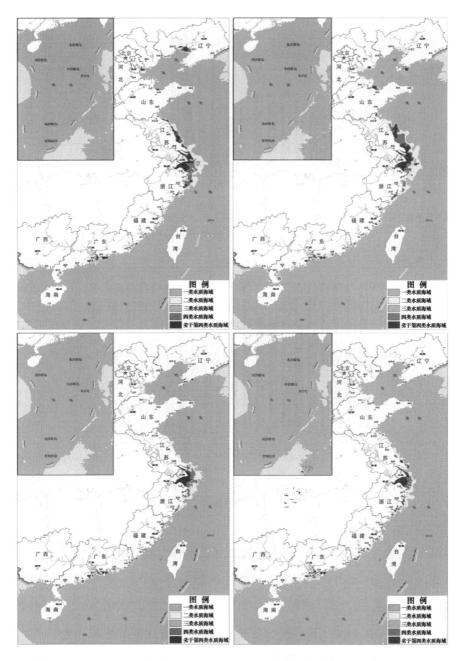

图1-6 2011—2015年夏季海水中活性磷酸盐空间分布图（一）

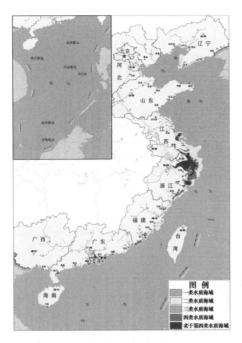

图 1-6　2011—2015 年夏季海水中活性磷酸盐空间分布图（二）

超一类海水水质标准的海域面积均呈现先升后降。其中黄海区变化幅度最为明显，由 2012 年的 $3.1×10^4\ km^2$，降至 2013 年的 $0.4×10^4\ km^2$（图 1-7）。相比 2011 年，2013 年各海区劣四类海域面积占超一类海水水质标准的海域面积比例均有下降，其中以渤海区下降幅度最大，由 2011 年的 22.9% 降至 2013 年的 1.6%；其次，为黄海区，由 2011 年的 22.3% 降至 2013 年的 6.8%（图 1-8）。

3. 石油类

近年来，我国近海海水中石油类的平均浓度与 20 世纪末相比增大 2 倍以上，主要分布在大连近岸、辽东湾、渤海湾、莱州湾、珠江口、杭州湾、闽江口、珠江口和北部湾的局部海域（如图 1-9）。2011—2015 年，石油类含量超一二类海水水质标准的海域面积分别为 $2.5×10^4$ km^2、$2.2×10^4\ km^2$、$1.7×10^4\ km^2$、$1.8×10^4\ km^2$ 和 $2×10^4$ 其中超四

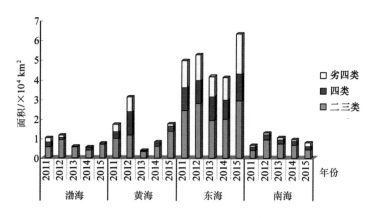

图1-7　各海区不同类别活性磷酸盐面积变化趋势

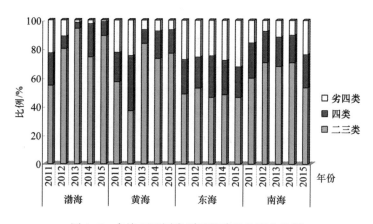

图1-8　各海区不同类别活性磷酸盐所占比例

类海水水质标准的海域面积所占比例分别为1.9%、4.9%、6.5%、0%和0.7%，呈先升后降的趋势。从四大海区来看（图1-10和图1-11），2015年渤海、黄海、东海、南海超四类海水水质标准的海域面积分别为$0.01×10^4$ km^2、0、0和$0.004×10^4$ km^2，占超一二类海域面积的2.9%、0%、0%和0.4%，与2011年相比，其变化幅度分别为2.4%、-0.4%、-8.4%和0.4%，黄海和东海区有所下降，渤海和南海有所上升。

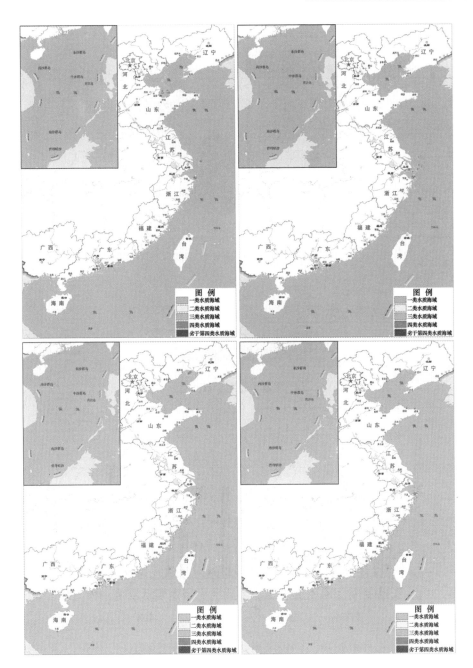

图 1-9 2011—2015 年夏季海水中石油类分布示意图（一）

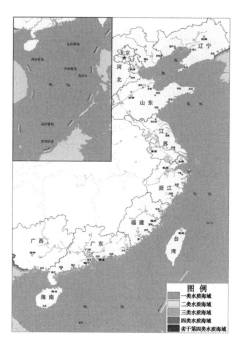

图 1-9　2011—2015 年夏季海水中石油类分布示意图（二）

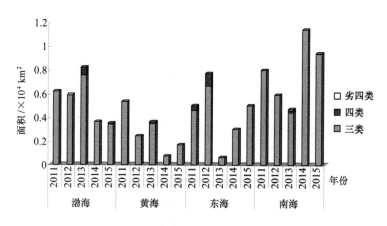

图 1-10　各海区不同类别石油类面积变化趋势

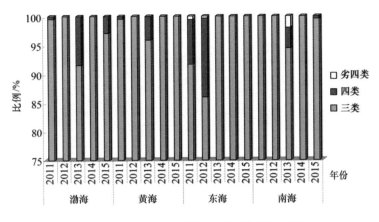

图 1-11　各海区不同类别石油类所占比例

二、沉积物环境现状与趋势评估

（一）沉积物总体状况与变化趋势

2015 年，近岸海域沉积物质量总体良好，辽东湾、苏北近岸海域等地沉积物质量有所改善。综合质量为良好的站位比例达 96.2%，综合质量为一般的站位比例为 3.6%，较差的站位比例为 0.2%。沉积物质量较差的站位主要分布于大连黄海近岸、渤海湾、珠江口、北部湾钦州近岸局部海域（图 1-12）。通过对 2006—2015 年不同等级的沉积物综合质量站位所占比例进行统计得出（图 1-13），沉积物综合质量较差的站位比例由 2006 年的 2% 降低至 2015 年的 0.2%，综合质量为一般的站位比例由 24% 下降至 3.6%；综合质量为良好的站位比例由 74% 上升至 96.2%。

（二）各海区沉积物质量状况与变化趋势

由图 1-12 和图 1-14 可见，各海区沉积物质量整体状况良好，但超标站位比例的年际变化仍较为剧烈。

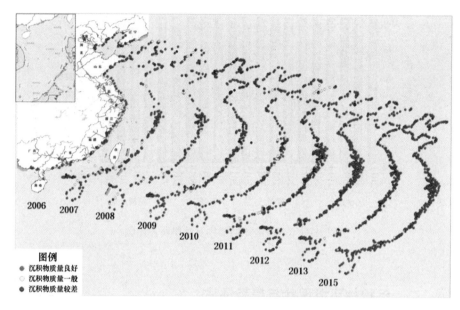

图 1-12　2006—2015 年我国近岸海域沉积物质量等级分布

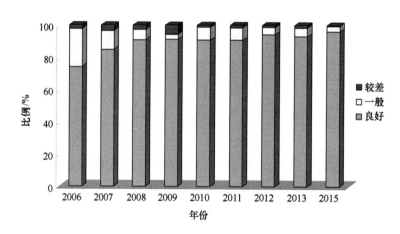

图 1-13　2006—2015 年近岸海域沉积物质量站位比例

1. 渤海海区

渤海近岸海域沉积物质量状况总体良好，2015 年综合质量良好的

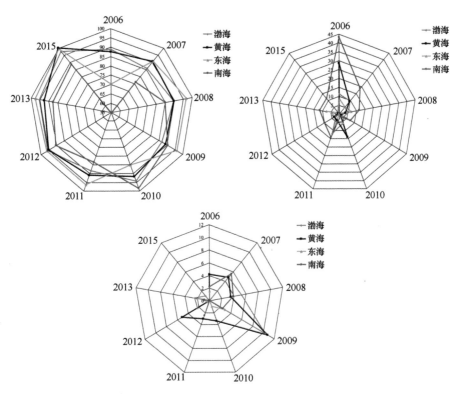

图1-14　2006—2015年各海区沉积物质量良好、一般和较差站位所占比例

站位比例为97.8%，综合质量较差的站位比例为1.1%。与2006年相比，综合质量良好的站位比例上升。近年来，辽东湾葫芦岛近岸海域等局部区域沉积物质量有所下降。渤海湾近岸海域沉积物质量得到明显改善。莱州湾近岸海域的沉积物质量状况良好，仅个别站位超一类海洋沉积物质量标准。

2. 黄海海区

黄海近岸海域沉积物质量呈现明显的区域特征，北黄海近岸海域沉积物质量状况相对较差，南黄海近岸海域沉积物质量状况总体良好。2015年综合质量良好的站位比例为100%，质量一般的站位比例为0%。2006—2009年，黄海近岸海域沉积物质量明显下降，丹东和大连近岸海域、青岛附近海域沉积物污染加重。至 2010 年以后，黄海近岸海域沉积物质量明显改善，仅个别站位沉积物质量出现超标现象。

3. 东海海区

除 2006 年和 2010 年外，东海近岸海域沉积物质量良好站位均在 90% 以上，总体状况较好；2015 年综合质量良好的站位比例最高，为 99.5%。与 2006 年相比，东海近岸海域沉积物质量总体有所上升，但宁波、福州和厦门近岸海域个别站位沉积物质量较差，主要受到石油类、铜等的污染。

4. 南海海区

与其他海区相比，南海近岸海域沉积物质量良好的站位比例最小，2015 年综合质量良好的站位比例为 88.6%，2006—2015 年良好站位比例的平均值为 83.7%，较差站位比例平均值为 1.9%，主要分布于北部湾钦州近岸海域、珠江口及邻近海域。近年来南海沉积物污染范围和程度均有所缩减，珠江口、北部湾和海南岛近岸海域沉积物的污染程度明显加重。

（三）沉积物主要污染要素的变化趋势分析

2015 年，在近岸海域沉积物监测的所有站位中，除铜、硫化物含量符合一类海洋沉积物质量标准的站位比例分别为 94.2% 和 94.4% 外，其余监测指标符合沉积物一类质量标准的比例均在 95% 以上（表 1-1）。

表 1-1　2015 年近岸海域类别沉积物质量站位比例　　　　　　　　　%

沉积物质量类别	石油类	铜	锌	镉	汞	多氯联苯	砷	硫化物	铅	铬	有机碳
一类	96.5	94.2	97.8	100	99.3	98.8	96.2	94.4	99.3	99.6	99.6
二类	2.2	5.4	2.2	0	0.7	1.2	3.8	3.5	0.7	0.4	0.4
三类	1.1	0.4	0	0	0	0	0	0.5	0	1	0
劣三类	0.2	0	0	0	0	0	0	1.6	0	0	0

1. 石油类

石油类是近岸海域沉积物中超标程度最严重的污染物之一。2006—2015 年，除 2013 年外，其余年份均出现劣于三类海洋沉积物质量标准的站位（图 1-15）。近年来，沉积物监测站位的超标率呈减少趋势，劣于三类海洋沉积物质量标准的监测站位由 2006 年的 1.4% 降至 2015 年的 0.2%。其中，大连湾、丹东—大连近岸、秦皇岛—天津近岸、青岛近岸、苏北近岸、珠江口及邻近海域、北部湾近岸海域等的沉积物均受到石油类的污染（图 1-16）。

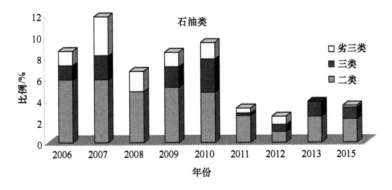

图 1-15　2006—2015 年沉积物中石油类站位超标率变化趋势

2. 镉

镉是近岸海域沉积物中污染范围最广的重金属污染物。2007 年近岸沉积物中镉含量超一类海洋沉积物质量的站位比例最高，达 15.6%。2009 年以后，沉积物中镉的污染程度明显减轻，2013 年仅 1.6% 的站位超一类海水沉积物标准，2015 年未出现超标站位。近年来，南海近岸海域沉积物普遍受到镉的污染，污染区域主要分布于珠江口以南至海南岛东南岸及北部湾近岸海域。渤海、黄海近岸海域沉积物站位超标率有上升趋势（图 1-17 和图 1-18）。

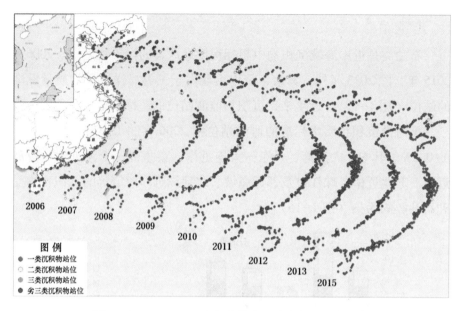

图 1-16　2006—2015 年沉积物中石油类主要污染区域

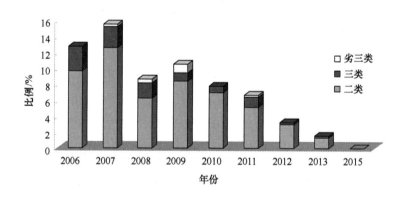

图 1-17　2006—2015 年沉积物中镉站位超标率变化趋势

1. 铜

2006—2015 年沉积物监测中铜站位超标率变化趋势和主要污染区域如图 1-19 和图 1-20 所示。可见，铜也是近岸海域沉积物中的主要污染物之一，沉积物中铜含量超一类海洋沉积物质量标准的站位比例由

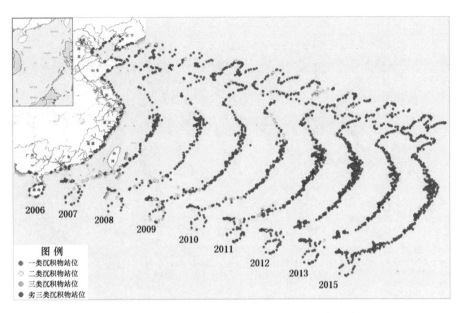

图 1-18 2006—2015 年沉积物中镉主要污染区域

2006 年的 23.6% 降低到 2015 年的 5.8%，整体呈现下降趋势。沉积物受到铜污染的主要区域为大连湾、珠江口及邻近海域、长江口及浙江省近岸海域等。

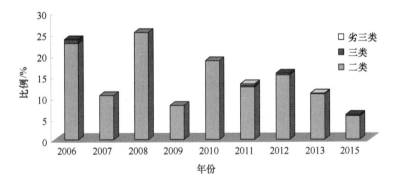

图 1-19 2006—2015 年沉积物中铜站位超标率变化趋势

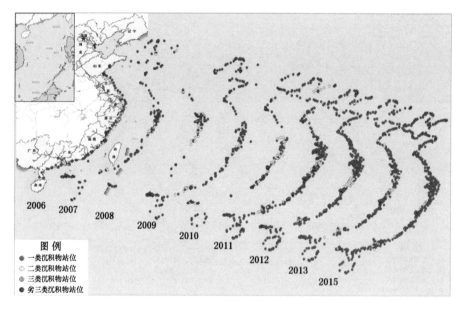

图 1-20　2006—2015 年沉积物中铜主要污染区域

4. 硫化物

据沉积物监测中硫化物站位超标率变化趋势和主要污染区域（图 1-21和图 1-22）显示，2006—2015 年，硫化物含量超标站位比例呈现波动变化趋势，2015 年，硫化物站位超标率最高，达到 5.6%，其中超三类站位比例达到 1.6%，为近 10 年最高值，主要集中在大连近岸海域、长江口邻近海域及山东半岛、浙江和海南等邻近海域。

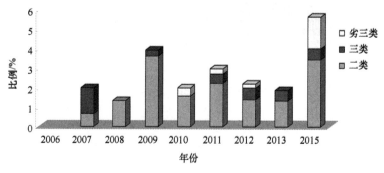

图 1-21　2006—2015 年沉积物中硫化物站位超标率变化趋势

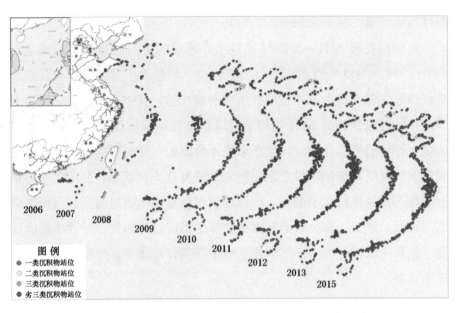

图1-22　2006—2015年沉积物中硫化物主要污染区域

第二节　海洋生态系统健康状况评价及变化趋势

一、河口生态系统

河口海域是海陆过渡的主要区域，是陆源物质输入海洋的主要渠道。初步统计，每年河流向近岸海域输入氮磷等营养盐 $170×10^4$ t 余，河流径流量近 $3×10^{12}$ m^3，大量淡水和营养盐的注入，在河口区域形成了近岸盐度低、营养盐和浮游动植物饵料十分丰富的鱼类产卵场，是渔业资源关键区域。2004—2015 年，辽河口、黄河口、长江口和珠江口水体主要环境要素的监测结果表明，黄河口环境状况相对稳定，辽河口、长江口和珠江口环境状况的年际波动较大。近年来，由于江河携带大量陆源污染物入海，主要江河入海口，如长江口、珠江口、辽河口等海域污染严重，污染面积呈扩大趋势。

根据对我国 2004—2015 年河口生态系统的生态健康评价结果显示（图 1-23），2015 年双台子河口、滦河口—北戴河、黄河口、长江口及珠江口等主要河口生态系统均处于亚健康状态，其中黄河口、长江口及珠江口的健康状态由 2004 年的不健康状态逐渐向亚健康状态转变，整体呈现好转趋势。导致河口生态系统不健康的主要原因是水体富营养化较严重，我国 80% 的河口生态系统海水呈富营养化状态；部分生物体重金属和石油烃残留水平偏高，产卵场沉积环境发生明显改变，鱼卵仔鱼密度较低。浮游动物、底栖动物密度和生物量总体偏低，浮游植物密度高于正常范围，生物多样性整体上呈中等或较差水平，生物群落结构稳定性较差。

二、海湾生态系统

海湾是我国多种海洋资源的复合区，有丰富的渔业资源、港口资源及旅游资源，也是海洋综合开发的集中区域和热点区域。我国海湾（含潟湖）面积在 10 km² 以上的超过 150 个，面积在 5 km² 以上的超过 200 个。2015 年，面积在 100 km² 以上的海湾中，有 21 个海湾四季均出现符合劣四类海水水质标准的海域，其中杭州湾、三门湾、台州湾、厦门港、东山湾、诏安湾和象山港 7 个海湾的劣四类海水面积占海湾总面积比例超过 80% 以上，杭州湾、象山港、三门湾比例高达 100%。辽东湾和汕头湾沉积物综合质量状况一般，主要污染要素为石油类和铜。受人类活动影响，加上海湾环境污染严重，我国大部分海湾生态系统的生产力和群落结构均已发生较大变化，鱼类种类数剧减，生物量密度大幅度降低。仅渤海湾鱼类生物量密度就从 20 世纪 50—60 年代鼎盛时期的 1 220 kg/km²，降低至 80—90 年代的 696 kg/km²，浮游植物密度降低近七成，浮游动物次级生产力也呈现下降趋势。57% 的海湾生态系统海水呈富营养化状态。

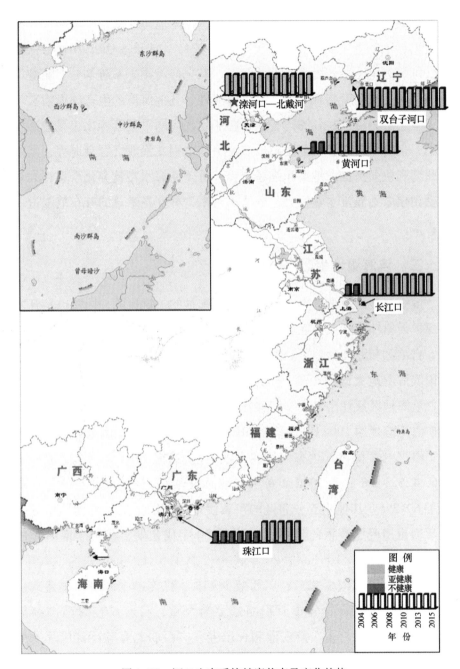

图 1-23 河口生态系统健康状态及变化趋势

对锦州湾、渤海湾、莱州湾、杭州湾、乐清湾、闽东沿岸和大亚湾7个重点海湾进行生态健康评价（图1-24），结果表明，2015年锦州湾、杭州湾生态系统处于不健康状态，其余海湾生态系统均处于亚健康状态。从生态健康指数来看，除乐清湾外，其他海湾的生态健康指数均呈下降趋势。目前，各海湾普遍存在的生态问题是富营养化、湿地生境丧失、生物群落的波动范围超出多年平均范围、渔业资源衰退等，其中锦州湾和杭州湾栖息地面积缩减严重；杭州湾海水富营养化严重；大亚湾受到核电站温排水热污染；乐清湾外来物种互花米草的分布范围进一步扩大。

三、滨海湿地生态系统

滨海湿地是我国近岸海洋生态健康维护的关键区域，同时也是开发与保护矛盾冲突严重的区域。我国滨海湿地主要分布于沿海的11个省、市、自治区和港澳台地区。由于过度开发利用及陆源污染等原因，导致我国滨海湿地大面积减少、湿地生境破碎化，生态系统严重失衡。目前，沿海地区累计已丧失滨海滩涂湿地面积约$119 \times 10^4 \ hm^2$，另因城乡工矿占用湿地约$100 \times 10^4 \ hm^2$，二者相当于沿海湿地总面积的50%。

根据《中国海洋生态问题调查报告》，盘锦1987年芦苇湿地面积为60 425.1 hm^2，至2002年芦苇湿地面积为23 968.5 hm^2，15年间减少了60.3%。其他主要分布区的芦苇湿地面积因围垦及围塘养殖等开发活动也遭受了严重的破坏。20世纪50年代初期，我国东南沿海的红树林面积约$5 \times 10^4 \ hm^2$，90年代末仅剩$1.5 \times 10^4 \ hm^2$左右，其中，海南红树林面积减少52%；广西减少43%；广东减少82%；福建减少50%。我国海草床的分布面积缩减更为严重，目前仅在海南的高隆湾、龙湾港、新村港、黎安港和长玘港，广西的北海等还有成片的海草分布。现存的海草仍然受到渔业、养殖业、海洋工程、非法捕捞和旅游业等的威胁。

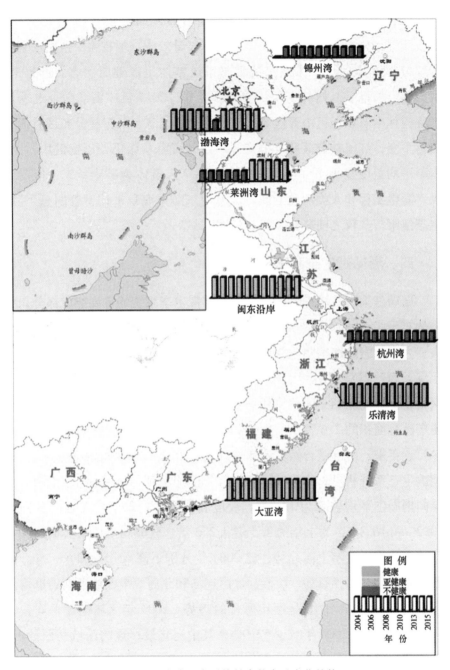

图 1-24 海湾生态系统健康状态及变化趋势

据 2004—2015 年湿地生态系统健康评价结果显示（图 1-25），苏北浅滩湿地滩涂围垦速度较快，植被现存量较低，现有滩涂植被面积较 2012 年减少近一半，滩涂湿地生态系统整体呈亚健康状态。近年来，由于国家加强了红树林的保护与建设工作，2015 年广西北海及北仑河口红树林生态系统已由亚健康状态变为健康状态，红树林分布区总面积保持不变，红树林群落基本稳定。广西北海海草床仍处于亚健康状态，海草平均盖度显著下降。海南东海岸海草床整体为健康状态，但受台风、海岸工程和人类活动的影响，海南东海岸海草平均密度明显下降，生态健康指数较之前略有下降。

四、珊瑚礁生态系统

珊瑚礁生态系统是我国热带和亚热带生态系统的重要组成部分，主要分布于广东的徐闻及大亚湾，广西的涸洲岛，海南岛东海岸的鹿回头、大小东海、东瑁州、西瑁州、亚龙湾（东西排岛）、蜈支洲岛和长玘港及西沙群岛和南沙诸岛。按照世界资源研究所 2002 年利用 1 km² 网格量计算的珊瑚礁面积，我国的珊瑚礁面积约为 7 300 km²，占世界珊瑚礁总面积的 2.6%。

近年来，由于受自然灾害和炸鱼、毒鱼等人为活动的影响，我国珊瑚礁生态系统状况总体呈现退化趋势。监测与评价结果显示，2009 年，徐闻珊瑚礁平均盖度为 12.1%，放坡和水尾角珊瑚平均死亡率分别为 60.2% 和 16.3%，为上年的 1.5 倍和 2.6 倍。放坡和水尾角活珊瑚的平均盖度基本呈逐年下降趋势，比 2004 年分别下降 45.5% 和 65.5%。西沙群岛的永兴岛、石岛、西沙洲、赵述岛和北岛 5 个区域珊瑚礁也均出现不同程度的退化，且呈逐年恶化的趋势。2009 年活珊瑚礁平均盖度仅为 7.9%，比 2008 年减少 52.9%，其中退化最严重的区域是西沙洲、北岛和赵述岛，活珊瑚的盖度仅为 1.8%、2.3% 和 2.5%。硬珊瑚补充量平均值为 0.05 个/m²，比上年减少 1/3。珊瑚礁鱼类平均密度也逐年

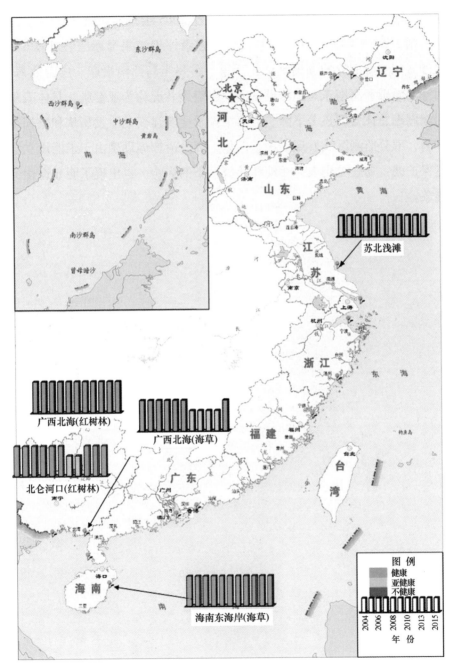

图 1-25　滨海湿地生态系统健康状态及变化趋势

减少，2009 年为每 100 平方米 106 尾，比 2005 年减少 65.8%。

据 2004—2015 年珊瑚礁生态系统健康评价结果显示（图 1-26），西沙海域和海南等地珊瑚礁退化严重，雷州半岛西南沿岸、广西北海、西沙珊瑚礁和海南东海岸珊瑚礁的生态健康状况均为亚健康，具体表现为珊瑚礁总体盖度显著下降、群落结构发生明显变化、发病率和破损率升高，部分监测区域发现珊瑚礁白化，部分沿岸珊瑚礁由于未能设立自然保护区，加之受到人为活动和环境污染的影响，也出现了明显退化的迹象。

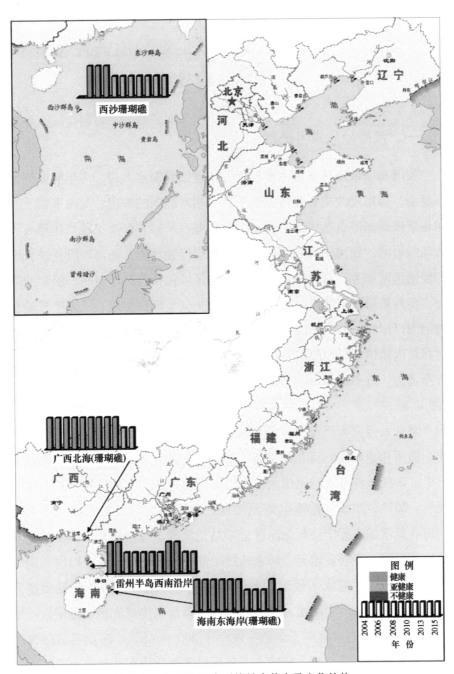

图 1-26 珊瑚礁生态系统健康状态及变化趋势

第三节　我国主要海洋生态环境灾害及
其发展趋势

一、海岸地质灾害严重

我国海岸带地质灾害主要包括海岸侵蚀和海水入侵。多年的监测结果显示，海岸侵蚀主要分布在地质岩性相对脆弱的岸段，受海平面上升和频繁风暴潮等自然因素，以及海滩和海底采砂、海岸工程修建等人类活动的影响，我国砂质和粉砂淤泥质海岸侵蚀严重，局部岸段侵蚀长度和侵蚀速度加大。海岸侵蚀灾害严重的区域包括营口市盖州—鲅鱼圈岸段、葫芦岛市绥中岸段、秦皇岛岸段、龙口至烟台岸段、江苏连云港至射阳河口岸段、崇明东滩岸段、雷州市赤坎村岸段、海口市新海乡新海村和长流镇镇海村岸段。其中，辽宁盖州和崇明东滩南侧岸段侵蚀速度有所增加，分别由 2014 年的 1.4 m/a、4.4 m/a 增加至 2015 年的 3 m/a、7.9 m/a。

海水入侵灾害严重地区位于渤海滨海平原，主要包括辽宁营口、盘锦、锦州和葫芦岛，河北秦皇岛、唐山和黄骅沿岸，山东滨州和莱州湾沿岸。该区域海水入侵范围大，近岸站位氯离子含量和矿化度高。监测显示，2011—2015 年渤海滨海地区辽宁盘锦和葫芦岛监测区海水入侵距离有所增加，辽宁锦州监测区近岸站位氯离子含量明显升高。黄海滨海地区海水入侵程度较轻，海水入侵距离一般在距岸 10 km 以内，但江苏连云港监测区海水入侵范围逐渐扩大，部分站位氯离子含量明显升高。东海和南海沿岸海水入侵范围较小，海水入侵程度基本稳定，一般距岸线 2 km 左右，氯离子含量一般小于 500 mg/L，广东茂名监测区海水入侵距离呈缓慢上升的趋势，一些居民区的饮用水井和农用灌溉水井已经受到海水入侵影响。

二、赤潮与绿潮频发

海洋赤潮是威胁我国近岸生态环境安全的主要环境灾害之一，灾害发生的次数多、影响范围广、经济损失重。1933 年我国第一次记录海洋赤潮，至 2015 年累计发生海洋赤潮的次数为 1 258 次，赤潮累计发生面积 $24.6 \times 10^4 \, km^2$（图 1-27）。20 世纪 70 年代之前中国沿海赤潮发生次数较少，仅分布在黄河口、浙江台州、石埔一带、福建平潭岛和天津大沽口附近海域；80—90 年代赤潮次数明显增加，80 年代 74 次，面积约 $3.4 \times 10^4 \, km^2$；90 年代 151 次，面积约 $2.3 \times 10^4 \, km^2$，主要分布在渤海、长江口外海域、胶州湾、东南沿海、海南岛海域。进入 21 世纪，我国赤潮灾害进入高发期，每年赤潮发生的次数为 41~105 次，渤海近岸海域、浙江近岸海域、厦门及珠江口近岸海域相继暴发大面积赤潮灾害。2015 年，全海域共发现赤潮 35 次，累计面积约 2 809 km^2，其中，东海赤潮发生次数最多，渤海赤潮累计面积最大。

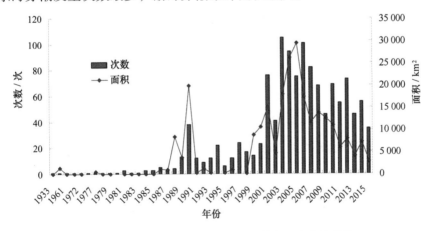

图 1-27　我国近岸海域赤潮发生次数与面积变化趋势

绿潮与赤潮灾害一样，同属"水华"现象，由于其成灾藻类是大型绿色海藻，因而亦有"绿潮"之称。2008 年，青岛近海海域首次暴发大规模绿潮灾害，面积达 25 000 km²，实际覆盖面积达 650 km²，直接经济损失 13.2 亿元人民币，并威胁到我国奥运会的成功举办。2009年，绿潮最大影响面积达 5 800 km²，最大覆盖面积 2 100 km²，直接经济损失 6.4 亿元。2011—2015 年，绿潮继续发生，损失依然严重，山东、上海、江苏、浙江和福建均受到影响，其中 2013 年，南黄海沿岸海域浒苔绿潮覆盖面积 790 km²，为近 5 年来最大（图 1-28）；2015年，黄海沿岸海域浒苔绿潮分布面积是近 5 年来最大的一年，对海洋环境、景观及生态服务功能以及沿海经济发展产生严重影响。

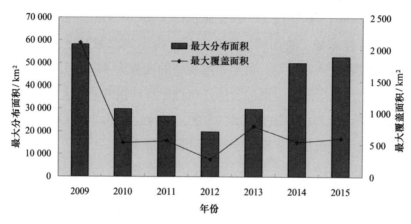

图 1-28　2009—2015 年我国沿岸海域绿潮最大分布面积和最大覆盖面积

三、海洋溢油风险加剧

社会经济的迅猛发展和能源消耗的持续增加，使得我国海上石油运输量大幅度增长，海洋石油勘探开发规模不断扩大，海洋遭受重大溢油污染的风险也在不断增加（图 1-29）。目前我国已建成镇海、舟山、黄岛和大连 4 个沿海地区第一批战略石油储备基地，储备能力总计 1 400×10⁴ t，2 680×10⁴ m³ 的石油储备二期工程也已规划建设。此外，还相继开发了渤海、东海和南海的油气田，海上油气平台已达到 200 余个，海

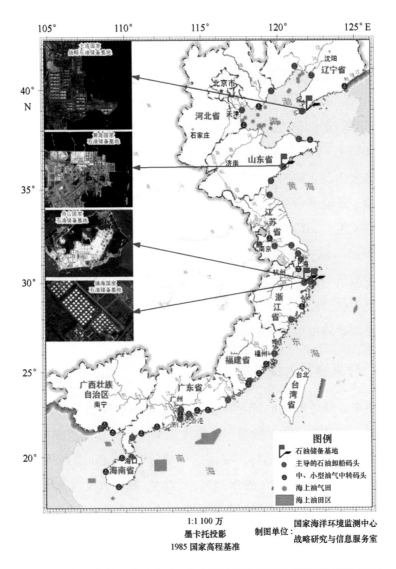

图1-29　我国海洋石油开采区、海上石油运输系统及沿海石油储备基地

洋石油产量已由 1995 年的 927.5×10^4 t 增加至 2010 年的 5 000×10^4 t。随着我国石油从出口国转为进口国，石油进口的规模也在迅速增加，2009年进口总量达到 2.04×10^8 t，为 1993 年的 20.4 倍，港口石油吞吐量正

以每年 $1\,000\times10^4$ t 余的速度增长，沿海现有原油卸船泊位已增加至 25 个，船舶运输密度逐年增加。

随着运输量和船舶密度的增加，我国发生灾难性船舶事故的风险正在逐渐增大。据 1973—2006 年资料统计，我国沿海共发生大小船舶溢油事故 2 635 起，其中溢油 50 t 以上的重大船舶溢油事故共 69 起，总溢油量 37 077 t，平均每年发生两起，平均每起污染事故溢油量 537 t，船舶溢油事故频发。同时，海上油气开采规模的扩大也增加了溢油生态灾害的风险，石油平台溢油及沿海油库爆炸事故溢油等重大溢油事故在我国也时有发生。2010 年以来相继发生了大连"7·16"输油管道爆炸及蓬莱"19-3"油井溢油等重大海洋溢油事故，对海洋环境、滨海旅游及海水养殖活动产生了严重的影响。据分析，我国近海溢油事故多发海域主要集中在油船接卸的港湾码头、海洋油气作业区及岛礁附近海域，分别占溢油事故发生数量的 38%、21% 和 41%。

四、外来物种入侵增加

近年来，随着我国海洋运输业的发展和海水养殖品种的传播和引入，生物入侵呈现出物种数量多、传入频率加快、蔓延范围扩大、危害加剧和经济损失加重的趋势。我国已经引进的滩涂和海洋外来物种 89 种，另外还有 93 种生长在海岸的外来植物。其中，互花米草、沙筛贝已经对海洋生态产生影响。互花米草是列入 2003 年我国首批 16 种外来入侵物种名单中唯一的海洋入侵种，广泛分布在全国沿海地区（图 1-30），对我国从辽宁营口到广东电白的滨海潮间带生态系统产生了极大的危害。1983 年，福建霞浦县东吾洋沿海滩涂引种互花米草，7 年后原来生活在这里的 200 余种生物现仅存 20 余种，导致近岸海洋红树林生态系统的破坏，滩涂的鱼、虾、贝、藻等海洋生物大量死亡。1990 年和 1993 年，在厦门马銮湾和福建东山相继发现一种原产于中美洲的海洋贝类——沙筛贝，沙筛贝的大量繁殖，造成虾、贝等本土底栖生物减少，甚至绝迹，对当地生态系统造成巨大的破坏。

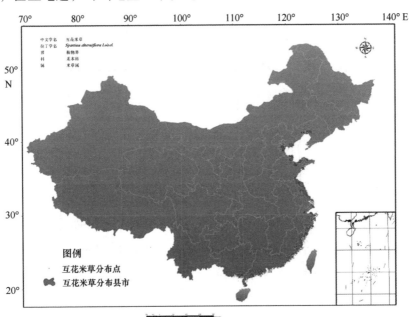

图 1-30　互花米草在全国的分布现状

　　我国近年引入许多外来海洋生物进行养殖，导致海洋生物遗传污染问题。日本盘鲍与我国皱纹盘鲍杂交生产的杂交鲍的底播增殖使青岛和大连附近主要增殖区的鲍群体 97.3% 为杂交后代，原种皱纹盘鲍种群基本消失。外来物种在迁移的过程中极可能携带病原微生物，很容易引起病害流行。从 1996 年起，我国北方传统优势贝类养殖品种栉孔扇贝也开始大规模死亡，与大规模引进外来养殖贝类有关。另外，随着压载水进入的赤潮生物、海洋污损生物及病源生物的几率上升，对原有生物群落和生态系统的稳定性构成极大威胁。

第二章 我国海洋生态环境主要
问题与面临形势分析

在过去的 30 年里，我国沿海区域经济和海洋经济基本上沿袭了以扩张为主的外延式增长模式，过快过热的增长使得海岸带和近岸海洋生态环境难以适应，海洋环境质量恶化、自然生境大面积缩减、渔业资源严重衰退、生态灾害频发等问题十分突出。与 20 世纪 80 年代相比，我国近海海域生态环境在类型、规模、结构和性质等方面都发生了深刻且巨大的变化，环境、生态、灾害和资源四大生态环境问题共存，并且相互叠加、相互影响，表现出明显的系统性、区域性和复合性。

第一节 陆源污染物排海尚未得到有效控制，海洋环境遭受显著影响

陆源污染是我国海洋环境质量恶化的关键因素。随着沿海城市化建设和社会经济的飞速发展，陆源排污量日趋增加，近岸海域尤其排污口邻近海域环境质量状况总体较差。近 10 年来，河流入海污染物总量整体呈波动式上升趋势（图 2-1），2015 年我国主要河流入海污染物总量达 $1\,750.8 \times 10^4$ t，比 2006 年增加了 34.9%。主要污染物为化学需氧量和营养盐，与 2006 年相比分别增加了 22.3% 和 63.9%。长江、闽江和珠江、黄河等入海污染物总量较大，占全国河流入海污染物总量的 70% 以上，其中，闽江、长江污染物入海总量显著增加，由 2006 年的 84×10^4 t 增加至 2015 年的 107.9×10^4 t，长江入海污染物

长年居全国之首。

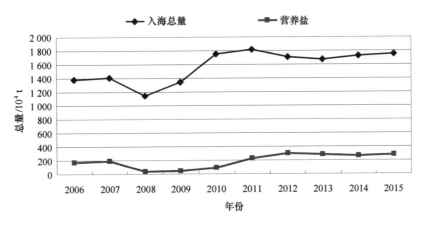

图 2-1　2006—2015 年主要河流污染物入海总量及营养盐量

全国实施监测的入海排污口排放的污染物总量从 2006 年的 $1\,298\times$ 10^4 t 降至 2012 年的 214×10^4 t，呈显著下降趋势，但入海排污口排污超标依然严重，超标率多年高于 50%，80% 以上的排污口邻近海域水质劣于第四类海水水质标准，无法满足所在海域海洋功能区的环境保护要求。主要超标污染物为总磷、悬浮物、化学需氧量和氨氮。此外，在近几年排海污水中，多环芳烃、有机氯农药、多氯联苯类等持久性有机污染物以及铊、铍、锑等剧毒类重金属被检出，难降解有机物（PCBs、PAHs 等）污染和热污染等新型污染物对海洋生态环境的影响将更加持久，危害更为深远。据预测，到 2020 年我国国内生产总值将比 2000 年翻两番，预计工业和生活废水量将是 2003 年的两倍以上，沿海地区废水及污染排放也将两倍于全国平均水平，而现有污染治理方式仍以末端化治理为主，入海污染物总量控制等关键制度尚未建立，缺乏对陆源污染的源头控制，陆源污染物排海尚未得到有效控制，未来海洋环境将面临巨大压力。

第二节　近海富营养化加剧，引发严重海洋生态灾害

我国近海面临着日趋严峻的富营养化问题。无机氮和活性磷酸盐等营养盐的过量输入是导致海水富营养化的主要原因。从海水富营养化空间分布图（图 2-2）可见，1997 年，我国近岸海域重度富营养化的面积约 $0.81×10^4$ km^2，中度富营养化的面积约 $0.54×10^4$ km^2；到 2015 年，重度富营养化面积增加至 $2×10^4$ km^2，中度富营养化海区面积增加至 $2.1×10^4$ km^2。近 20 年间，重度富营养化海域增加了 146.9%，中度富营养化海域面积增加了 288.9%。整体表现为近岸海域的富营养化程度持续加剧，中度和重度富营养化范围逐年扩大。我国富营养化区域从北到南主要分布于鸭绿江口—庄河近岸、渤海三大湾、大连近岸海域、长江口—杭州湾、汕头近岸和珠江口海域等，与近年来我国近岸海域赤潮高发区基本一致。

研究表明，富营养化是全球范围内有害藻华发生频率日益增加的重要原因之一，从 20 世纪 70 年代至今，我国近海的赤潮和绿潮发生频率不断提高，发生次数以每 10 年约增加 3 倍的速率上升，同时，发生区域、规模和危害效应也在不断扩大。日渐增多的有毒赤潮所产生的藻毒素加剧了贝类等水产品的污染问题。据不完全统计，沿海地区贝类中毒事件已超过 160 起，中毒者超过 1 000 人，死亡近 60 人。此外，富营养化还引发了长江口等局部区域底层海水溶解氧含量降低而出现低氧区。可以预见，在我国当前经济高速发展、城市化水平不断提高和能源消耗不断增长的模式下，近海富营养化问题在未来一段时间内仍会不断加剧，赤潮绿潮等灾害性生态问题也会更加严峻，这将对我国近海生态系统的健康发展和海洋资源可持续利用构成严重威胁。

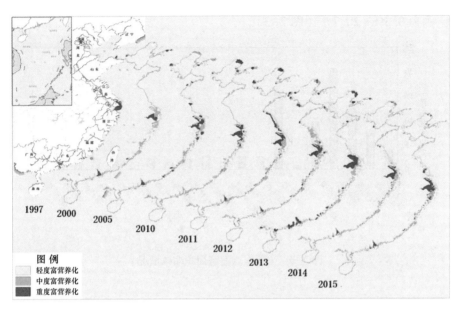

图2-2　1997—2015年我国近岸海域富营养化变化趋势

第三节　生境退化严重，海洋生态系统更加脆弱

　　随着沿海地区开发建设规模逐年增大，受围填海、养殖业和海洋工程等海洋开发活动的影响，滨海湿地、海湾河口大面积萎缩，岸线人工化程度增高，自然生境退化严重。新中国成立以来，我国沿海已经历了4次围填海浪潮。至2008年，我国近岸围填海总量达到13 380×10^4 km^2，以其为主的海岸带开发活动导致我国自然岸线比例已不足50%，人工岸线比例为56.5%，江苏、上海、天津等省（市）人工岸线甚至高达90%以上；滨海湿地面积急剧锐减，其中盘锦的芦苇湿地从1987—2002年丧失了60%以上；全国红树林面积较50年代初期减少近70%；一些重要海湾大面积萎缩甚至消失。据卫星遥感监测，1991—2008年全国20个重点海湾的水域面积均出现不同程度的缩减，缩减的

比例为 0.3%~20.7%（图 2-3）。

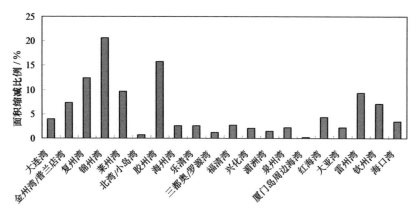

图 2-3 全国重点海湾面积缩减情况

大规模的围填海工程后，许多湿地鸟类栖息地和觅食地消失，多种鱼、虾、蟹和贝类等重要海洋经济生物的产卵场和索饵场被破坏，海洋和滨海湿地碳库功能下降，水体净化功能降低，进而导致海洋生态环境脆弱性加强。研究表明，我国围填海所造成的海洋和海岸带生态服务功能损失达到每年 1 888 亿元，约相当于目前全国海洋生产总值的 6%。据不完全统计，到 2020 年中国沿海地区还有超过 5 780 km² 的围填海需求，几乎为 50 年来围填海总面积的一半。如果不加以有效、有序的控制和有区别的管理，必将给沿海生态环境带来更为严重的影响。

第四节 渔业开发利用过度，资源种群
再生能力下降

渔业的发展在保障我国食物安全和促进生态文明建设等方面发挥了重要作用，但是在开发利用过程中，过度捕捞使得渔业资源种群再生能力急剧下降。自 20 世纪 60 年代末，我国近海渔业资源进入全面开发利用期以来，海洋捕捞机动渔船的数量持续大量增加，由 60 年代末的

1万余艘迅速增加至90年代中期的20余万艘。随着捕捞船只数和马力数不断增大，加之渔具现代化，对近海渔业资源进行掠夺式捕捞，导致我国渔业生物资源量急剧降低，部分渔业种类资源枯竭，传统的渔汛也已不复存在。捕捞对象也由60年代大型底层和近底层种类转变为目前以鳀鱼、黄鲫和鲬鲹类等小型中上层鱼类为主。传统渔业对象如大黄鱼绝迹，带鱼、小黄鱼等渔获量主要以幼鱼和1龄鱼为主，约占渔获总量的60%以上，经济价值大幅度降低，渔业资源已进入严重衰退期。据文献记载，在大亚湾及其邻近水域出现的鱼类约有400种，其中绝大多数具有较高的经济价值。近年来，通过对大亚湾海洋资源进行摸底调查，仅发现200余种鱼类，比原有的400余种减少了约一半。鲷科、石斑等名贵种类越来越少，原来产量很高的大黄鱼、小黄鱼由于资源严重衰退，许多种类已面临绝种的威胁。

第五节　海平面和近海水温升高，近海生态环境面临新威胁

气候变化已经成为人类可持续发展所面临的最严峻挑战之一，气候变暖引起海平面上升、水温升高、海洋酸化和极端气候事件，为已知的气候变化带来海洋环境变化的重要驱动因素。近30年来，中国沿海海平面总体呈上升趋势，平均上升速率为2.6 mm/a，总体高于全球平均水平，其中，渤海、黄海、东海和南海的海平面平均上升速率分别为2.3 mm/a、2.6 mm/a、2.9 mm/a 和2.7 mm/a。据预测，2039年中国近海海域海平面，与2009年值相比上升范围在70~150 mm 不等。其中，天津、山东、上海、广东和浙江海平面上升的最高值超过140 mm。近海海表水温呈现上升趋势，其中黄海升温达到1.40℃，是全球升温较高的海域之一。1951年以来，除个别年份外，渤海及北黄海海冰覆盖面积呈明显减少趋势，减少速率为每年200 km^2。

海平面上升和流域极端干旱事件导致我国河口盐水入侵的频率和强度增加，尤其以珠江口、长江口等三角洲地区最为显著，极大地影响了区域生活和工农业的淡水资源供给。海平面上升导致潮水浸淹频率过高，导致红树林退化或难以自然更新。此外，海平面上升和极端气候与天气事件对我国沿海安全防护也构成严重威胁。海水温度升高会引起海洋生物种群和结构的变异，如影响浮游生物和红树林的地理分布等，进而对海洋生态系统构成新的威胁。

第六节　沿海开发压力持续增加，近岸海洋生态环境风险升高

随着沿海地区经济的高速发展，沿海地区进入了新一轮的开发高潮，我国进入大规模、多层次、全方位的开发和利用海洋的阶段，港口建设和大型钢铁企业、石化企业、冶炼企业、加工企业等向海岸转移。继"珠三角"、"长三角"迅速发展成为我国沿海地区经济增长极以来，天津滨海新区、海峡西岸经济区、北部湾经济区、苏北沿海经济带、辽宁沿海经济带、黄河三角洲生态经济园区也相继上升到国家发展战略，沿海地区面临空前的发展空间需求和土地需求压力，滨海湿地丧失的风险加剧。

石油加工、冶炼、有色、医药和化工等行业进一步向沿海地区集聚，重化工产业规模进一步扩张，沿海地区将成为新一轮重化工业的重要集聚区，近岸海洋生态环境的污染压力增大。现阶段，以赤潮、绿潮为代表的单一物种旺发、海岸侵蚀与海水入侵、海洋生物污染物含量超标严重、海洋溢油等与经济发展和公共安全密切相关的多种生态风险并存，近岸海洋生态系统已进入全面退化的高风险期。受海砂开采、海岸工程建设、河流水利工程拦截泥沙、沿岸地下水开采等人为活动的影响，海岸侵蚀在我国沿海更为普遍。

第三章　我国海洋生态环境的
影响因素分析

　　我国海岸带和近岸海洋生态环境具有明显的地区性特征，海洋生物特有种和地方种种类较多，高度依赖于沿岸原始生境条件，生态系统和生物多样性脆弱性明显。我国海洋生态环境问题的影响因素主要包括自然因素和人为因素两方面。自然因素主要表现为我国海洋地理环境的封闭性和自身生态环境的脆弱性。人为因素具体包括人为开发利用活动、保护管理措施、政策法规和海洋意识等方面。

第一节　自然因素对海洋生态环境的影响

一、海洋地理环境的封闭性

　　中国地处最大的大陆与最大的大洋交界处，大陆岸线长 18 000 km 余，面积超过 500 m^2 的岛屿有 6 500 多座，岛屿岸线长达 14 000 km，主张管辖海域面积达 $300×10^4$ km^2。边缘海是海洋学上规定的海洋专有名词，其基本特征是濒临大陆并与大洋相连，但被岛屿隔开，面积较小，易受江河影响。根据海洋统计数据，世界四大洋共有 54 个边缘海，其中太平洋边缘海有 24 个，包括环绕我国沿岸的中国近海，即黄海、东海和南海。受亚欧大陆架影响，我国近海海域南北纵长贯通一体，但海域面积分布不均。海域特点表现为北部细长，南部广阔，中间狭小，"蜂腰"海域位于台湾海峡北部，外缘基本为岛链所环绕，封闭与半封闭海湾众多，岸线漫长曲折，沿海地形平坦（图3-1）。封闭与半封闭的特征导致我国近海海域水动力较差，海域的纳污和自净能力有限，特别是像渤海这样的内海。海水封闭性强，自身交换能力差，一旦污染，自我更新周期至少需要15年。

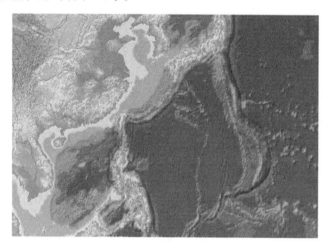

图 3-1　我国海洋地理环境

二、海洋生态环境的脆弱性

我国近岸海域的海洋环境具有过渡和边缘的性质，又因其处于大陆与海洋的交接区域，故而融合了海陆两个系统的物质能量和理化特性，生态环境具有潜在的不稳定性、脆弱性和易变性。海岸带是地球系统中陆地—海洋—大气强烈交互作用、耦合的三维空间。这种强烈的耦合作用在我国海岸带表现得尤为突出，最为典型的当推陆地—海洋—大气相互作用产生的东西部反差巨大的地貌地势和季风过程。这也导致我国河流每年通过海岸带向海洋输送的泥沙有 20×10^8 t 之巨，以及大量淡水及营养元素、有机污染物、无机盐输入近海，使我国海岸带成为海水盐度和温度变化最大的复杂海洋生态系统。独特的地理位置、连江达海的自然特征以及水体的运动特性，使得各种陆海资源关联性极强，相互影响，彼此制约，导致从陆域到海洋的各类人为开发活动、气候变化等都将对近岸海域生态环境产生直接或间接的压力效应，极易导致环境恶化和资源受损，从而进一步加剧近岸海域生态环境的脆弱性。

同时，由于气流下垫面温、压条件差异，沿海岸带形成了一条风速变化增强带，自海岸向陆地风速递减，促使波浪向岸增强，风沙运移堆积。波浪向岸传递过程中，受沿岸地形影响发生变形，波能增强，形成与深水区不同的浅水波及沿岸激浪。潮汐作用和潮流亦在海岸带形成独特的形式和动力作用。风、波浪、潮汐、沿岸流以及河口射流在海岸带形成一个复杂的动力体系，使得海岸带成为我国能量交换频繁的地带。中国海岸带正是处于这种能量、物质、结构和功能的非均衡状态，变化速率快，空间移动能力强，被替代概率大，恢复原状机会小，抗干扰能力差，进而成为我国生态环境的脆弱带，也是海岸侵蚀、台风袭击、海水倒灌等灾害的多发、重发区。

此外，我国近岸海域因分布有众多敏感海域和目标（渔业区、产卵场、洄游通道、栖息地、育幼场及红树林、珊瑚礁、海草床等），海洋生态系统结构和功能极易受到人为活动的影响而发生态势上的根本改变，因而具有天然的生态脆弱性。从我国海洋生态环境现状综合评价分析结果可见，当前，我国海域海岸带及近海海域生态环境已明显退化。随着海岸带人口规模和经济密度进一步增大，我国海域海岸带生态环境将更加脆弱，导致其对沿海地区经济社会发展的支撑能力被严重削弱，进而形成恶性循环。

三、海水介质的流动性

海洋生态系统为海水所覆盖，加之不像陆地生态系统易于监测观测，使得海洋生态环境问题往往被忽视，难以在问题出现的较早阶段介入并采取治理措施，等到问题显现之后，治理的代价和成本就会更大，因此，更需要抓早抓小。此外，海洋的流动性和整体性使得海洋污染等环境问题很容易演变为区域问题，而海洋所处的位置使得陆源污染和破坏极易影响海洋环境，导致海洋环境问题的解决离不开陆域污染的截留和控制，更加需要从整体上予以考虑，统筹协调的难度更大。正是因为海洋这些特点决定了海洋生态文明建设有着与陆地生态文明建设截然不同的独特性，使得海洋生态文明建设成为生态文明建设整体中压力最大、任务最重、协调最难的部分。

第二节　人为因素对海洋生态环境的影响

人为因素对海洋生态环境的影响可分为两大方面：一是人类开发利用海洋活动正改变着海岸带和滨海平原的物理环境及其演进方向，包括水动力条件、沉积物输运、地貌形态的变化等。人类活动中的土地利用、城市建设、筑堤建闸、围海造地等导致河流入海水沙通量减小、海岸湿地面积缩减等诸多问题；二是保护管理、政策法规等尚不健全，海洋意识较缺乏等人为因素，将进一步加剧海洋生态环境退化的程度。

一、人类开发活动

近年来人类对海洋资源环境的过度开发和不当利用是影响我国海洋生态环境的主要原因之一，具体表现为：随着新兴产业、旅游业及服务业的发展及城市化进程的加快，沿海地区用海需求明显增加，供需矛盾日趋紧张。至 2008 年，全国近岸围填海总量达到 133.6×10^4 hm^2（图3-2，图3-3）。1990 年（含）前，全国围填海总面积为 82.7×10^4 hm^2；1991—2000 年的 10 年间，新增围填海面积总量为 23.7×10^4 hm^2；2001—2015 年的 15 年间新增围填海面积总量为 46.03×10^4 hm^2，进入2001 年以来围填海年均增加的规模加快，为 3×10^4 hm^2/a，明显高于20世纪 90 年代（2.4×10^4 hm^2/a），但近几年，受国家政策影响，围填海速度有所放缓。在沿海省、市、自治区中，山东省围填海面积总量最高，达到 $40.1\times10^4\ hm^2$，占全国的 22%；其次是江苏省、辽宁省、河北省和广东省，分别为 $27.2\times10^4\ hm^2$、$24.1\times10^4\ hm^2$、$21\times10^4\ hm^2$ 和 $18.5\times10^4\ hm^2$。预计到 2020 年，沿海地区土地资源需求缺口将达规划可供应量的 50% 左右，海洋资源供需矛盾进一步突出，维护海洋生态系统健康和保障生态安全所需的生态空间将被进一步挤占。

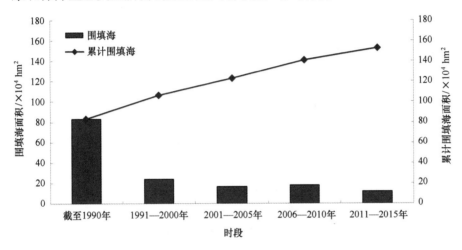

图 3-2　各时段全国围填海变化趋势

近年来，经由河流排海的氮磷营养盐总量一直居高不下，沿岸直排口的超标率始终在 50% 以上。随着陆域经济的高速发展及高污染、高排放产业的向海集聚，近岸海域水体富营养化程度仍将持续加重，海洋生态安全和公众健康风险将进一步加剧。土地利用、城市建设、筑堤建闸、围海造地、污染排放等人类开发利用活动正改变着海岸带和滨海平原的物理环境及其演进方向，包括水动力条件、沉积物输运、地貌形态的变化等，进而导致河流入海水沙通量减小、海岸湿地面积缩减、水质污染等诸多海洋生态环境问题。

二、资源利用方式

海洋资源利用率不高是海洋资源开发存在的问题之一，也是影响海

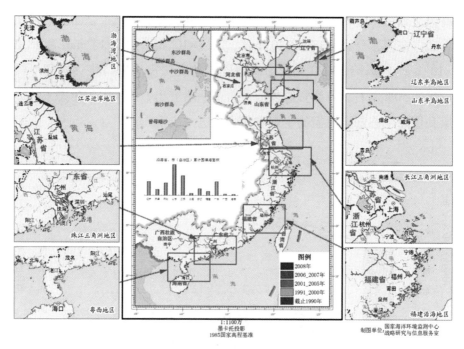

图 3-3　全国 1990—2008 年各地区围填海状况分布

洋生态环境的主要因素。目前，由于缺乏全局性的宏观调控和统筹协调，我国海洋经济发展的结构性问题比较突出，既包括产业结构问题，也包括区域结构问题。由于我国海洋经济发展与海洋环境保护还不相协调，近岸海域出现了严重的环境问题，例如我国最大的海洋产业——海洋渔业，由于过度捕捞，渔业资源迅速衰退，生物多样性降低。由于海洋海域污染，造成赤潮频发、虾贝病虫害严重。2011 年我国海洋产业结构之比为 5：48：47，虽然较往年有明显优化，但与现代化海洋产业结构还有较大差距。目前，我国海洋产业仍以传统产业为主，以资源开发型和劳动密集型产业为主，海洋资源利用方式还较为粗放和单一，特别是一些资源型产业不同程度地存在过度依赖资源和能源的现象，资源利用效率低下。此外，海洋经济发展的内生动力不足，核心竞争力不强，主要表现在：涉海企业自主研发能力较弱，产品竞争力不强，产品科技含量和附加值低；海洋高技术产业发展相对滞后，在海洋经济中的比重较低。

从整体上看，我国海洋经济的发展主要依靠海洋资源的开发利用，随着沿海地区的开发强度持续加大，以及钢铁、石化等重化工行业向沿海地区集中，我国海洋产业结构有变"重"的趋势，因此，亟须转变海洋经济发展方式，优化产业布局，形成节约集约利用海洋资源和有效保护海洋环境的发展方式。此外，近海生物资源面临枯竭，远海、深海海洋资源的开发利用能力不足，还远不能满足人类对海洋资源日益增长的刚性需求。

三、海洋保护管理

自新中国成立以来，我国海洋管理工作经历了重大的发展与变革，从行业管理到行政管理加海洋环境复合管理，再向初级海洋综合管理过渡的不同阶段，逐步形成了海洋综合管理与分部门、分行业、分级管理相结合的海洋管理体制。管理手段也从过去以行政手段为主，逐步转变为综合运用法律、经济、技术和必要的行政手段，特别是以生态系统为基础的海洋与海岸带管理在我国一些区域也逐步开始实施。目前，我国海洋管理与执法队伍初具规模、海洋环境保护工作不断加强、海域海岛管理工作全面推进、海洋区划规划体系日趋完善，已基本形成了对管辖海域环境保护与管理能力。

但由于我国海洋综合管理机制刚刚起步，海洋保护管理还停留在地方行政管理和行业管理层次上。行政管理部门基本上是按自然资源种类和行业部门来设置。这种条块分割的管理体制将我国的海岸和管辖海域被沿海县区级行政单元分割成200多个不同领域，由不同部门来监管，使得不同海洋自然资源或生态要素及其功能被分而治之，不能根据海洋生态系统的整体性进行综合管理。与此相对应，海洋资源利用与环境管理实行单项和部门管理，各部门（如海洋、交通、农业、石油、旅游等）职责平行，使海洋管理演化为"各自为政、职责不清"的局面，缺乏综合协调和联合执法的机制和手段，各部门之间的协调成为海洋管理的顽疾，致使跨行政区域、跨行政部门的海洋生态环境保护问题难以解决。

我国海洋科技对海域综合管控的支撑作用还较为薄弱，与发达国家相比还有较大差距。目前，我海洋综合管理的技术含量偏低，面对日益变化的国际、国内形势和问题，现有的政策措施和管理手段与现实情况出现脱节和矛盾，科研立项滞后于管理需求，缺乏国家海洋前瞻性战略规划研究，成果的应用转化程度不高，对管理政策制定缺乏足够的理论依据和科技支撑。针对生态系统的海陆统筹管理技术体系研究水平还较低。

四、政策法规建设

目前，我国海洋法律法规体系尚不健全，《海环法》、《海域法》等有关法律修改滞后。海洋管理制度体系尚不完善，海洋总量控制等重点制度尚未建立实施。海洋监督和执法能力总体不强，海洋督察制度等有效监管制度尚未健全。涉海部门间技术、标准和规范不统一、不衔接。国际上普遍倡导的以生态系统为基础的海洋综合管理理念和方式在我国的法律和政策上并未确立。

另一方面，我国处于海洋经济快速发展阶段，海洋生态环境和产业布局变化迅速，沿海区域开发开放对海洋空间的需求愈加迫切，特别是沿海港口、临海工业等建设用海对渔业用海、保护区海域等造成较大压力，行业用海矛盾日益突出，海洋污染等环境违法事件的发生导致用海者之间的利益冲突进一步加剧。同时，我国海洋空间资源市场配置机制尚未建立，海洋环境管理与经济发展之间还缺少必要的协调机制，部分沿海地区重眼前，轻长远，缺乏科学的海洋空间资源开发利用规划，产业布局不尽合理，资源利用效益不高。此外，涉海管理部门较多，陆地与海洋的开发利用和保护的统筹协调机制尚未建立，海洋环境保护与沿海区域发展综合决策缺乏实质性融合，海洋管理与流域管理、海域管理与土地管理和地方行政管理不能很好地衔接，海洋与流域环境分而治之，资源与环境管理不能有效地统一综合，缺少综合的陆地—海洋管理战略规划。海洋监督和执法能力总体不强，缺乏海洋督察制度等有效监管制度。

五、公众海洋意识

海洋意识作为一种观念，具体包含海洋国土意识、海洋资源意识、海洋环境意识、海洋权益意识和海洋安全意识。随着全球经济的高速发展、陆地资源逐渐枯竭和新技术革命的冲击，人类对海洋的认识日益深刻。改革开放以来，中国的海洋事业与海洋安全都得到了高度重视，但我国社会公众的海洋意识仍较为薄弱，对海洋环保事业的参与热情不高，"海洋资源取之不尽、用之不竭"的思想根深蒂固。具体表现在对"蓝色国土"的淡漠，对海洋与人类生活关系认识之不足，维护海洋权益、保护海洋环境和资源、合理开发和可持续利用海洋资源意识缺乏。

海洋意识的误区主要表现在人们的海洋意识观念停留在开发利用、破坏后保护阶段，缺乏现代性的海洋意识建构。工业革命以来，征服海洋和海洋开发成为人—海关系的主流观念，对海洋环境的破坏、对海洋资源的肆意开采、对海洋生物多样性的毁灭甚至达到了无以复加的程度。即使在当今时代，伴随着以开发海洋资源、保护海洋权益为标志的"蓝色革命"的兴起，对海洋资源和环境破坏的工业文明后遗症仍然频发不止。违规向海洋倾倒废弃物、偷排污水的现象时有发生，炸鱼、毒鱼等破坏性捕鱼方式及使用现代化渔具掠夺式捕捞现象屡禁不止；蓬莱19-3溢油事故及大连"7·16"溢油事故等溢油事故频发，这些均进一步加剧了我国海洋生态环境恶化的趋势。国家海洋局最近一次国民海洋意识调查结果显示，只有16.7%的受访者准确知道地球上海洋的覆盖面积为 70.8%；知道我国管辖海域面积只有 10.7%；知道我国海岸线长度的有 13%；对领海、专属经济区、大陆架等概念能正确理解的分别为 5.4%、4.0%、4.2%；绝大多数受访者对《联合国海洋法公约》了解不多。可见，国民海洋知识较欠缺，概念较模糊，其海洋意识已远远落后于发达国家，不能适应"海洋世纪"的发展需求。

古今中外的历史发展证明，国家及其人民海洋意识的强弱，会直接影响国家海洋事业的发展，甚至影响到国家和民族的前途。因此，在新世纪新阶段，必须扭转长期以来形成的"重陆轻海、陆主海从"的传统观念，进一步强化海洋意识，繁荣和丰富海洋文化，形成全民关注海洋的氛围。

综上，必须以问题为导向，以需求为牵引，以自然规律为准则，积极推进海洋生态文明建设，建立人—海和谐共生的新型关系，破解海洋事业发展的难题，努力建设美丽富饶的海洋，强力支撑我国经济社会的持续发展。

中篇　我国海洋生态文明理论和配套制度体系研究

　　全面推进海洋生态文明建设是生态文明建设的重要组成部分，也是建设海洋强国的重要内容。党的十八大报告确立了"提高海洋资源开发能力，发展海洋经济，保护海洋生态环境，坚决维护国家海洋权益，建设海洋强国"的战略方针，为全面建成小康社会、实现中华民族的伟大复兴提供了重要支撑。海洋生态文明建设，应坚持"尊重海洋、顺应海洋、保护海洋"的原则，围绕加快海洋资源环境开发利用方式转变和深化海洋资源环境保护管理改革，建立形成"人口资源环境相均衡，经济社会生态效益相统一"的社会经济可持续发展格局。

　　党的十八届三中全会提出，建设生态文明"必须建立系统完整的生态文明制度体系"、"加快生态文明制度建设"，其中，有关生态文明制度建设的一个"必须"、一个"加快"反映出"用制度保护生态环境"的重要性、必要性和紧迫性。海洋生态文明建设也同样需要制度建设来保障，海洋生态文明建设既事关发展方式，又关系人民福祉，无论是着眼于当前的海洋生态环境恶化现实，还是放眼于沿海经济社会健康可持续发展的长远，我们都"必须"并且"加快"站在更高的层面来统筹发展海洋经济和治理海洋环境问题，寻找更为有效的解决方案。海洋生态文明建设是一项长期的历史使命，要结合经济社会发展进程来统筹规划、逐步推进。

第四章　海洋生态文明建设所
面临的形势分析

　　海洋是人类生存环境的重要组成部分，对人类生存和发展有着极为密切的关系。改革开放以来，我国以海洋为依托，沿海地区实现率先发展，新的海岸带经济格局成为驱动国民经济发展的主体力量。随着陆地空间资源的减少和土地红线制度的实施，向海洋要空间、要容量成为沿海地区普遍的需求和态势。同时，沿海经济社会粗放发展带来的资源约束趋紧、环境污染严重、生态系统退化等各类问题也随之凸显，成为我国沿海地区经济社会可持续发展所面临的重要瓶颈。目前，我国海洋事业处于快速发展的重要历史机遇期，海洋开发力度空前高涨，立足海陆统筹，科学开发海洋资源、保护海洋生态环境，建立海洋综合管理体系已成为支撑我国经济社会可持续发展的必然选择，是全面推进我国海洋生态文明建设的重要内容。

第一节　经济社会可持续发展对海洋
生态环境的需求分析

一、海洋生态环境在经济社会可持续发展中的作用

（一）良好的海洋生态环境是实现可持续发展的基本条件

　　海洋生态环境是指与人类活动有密切关系的、无机与有机海洋诸要

素有规律结合的、存在着地域差异、在人的作用下已经改变了的海洋自然环境，包括海洋资源、生态、气候及水文环境等自然要素。良好的海洋生态环境是人类生存发展的自然基础，是实现可持续发展的基本条件。首先，良好的海洋生态环境是海洋自然生态系统实现良性循环的基础。健康的海岸带生态系统中的海岸林带、红树林、芦苇、海草床、海藻场等植被构成了抵御风暴潮、巨浪、海啸、海岸侵蚀、土壤盐渍化、海水入侵、咸潮等自然灾害和应对海平面上升、减缓海水酸化等气候变化的绿色屏障，在保障沿海地区居民生命财产安全中发挥了重大作用。其次，海洋水体具有高度流动性和空间扩散性，局部海域的环境污染和生态退化在水体和洋流等作用下比较容易扩散至其他海域，特别是在一些内海、边缘海等环境比较封闭的海域，恶性环境事件和生态灾害将导致整个海洋生态系统面临崩溃。由于海洋环境污染和生态灾害很难形成陆地上所谓的"隔离区"，海洋生物和海洋水体将面临直接威胁，甚至使海洋渔业、旅游等经济社会活动陷入停滞。因此，良好的海洋生态环境是实现可持续发展的基本条件（图4-1）。

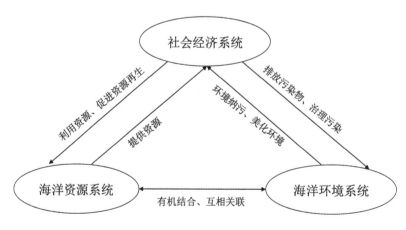

图4-1　海洋生态环境与社会经济发展之间的联系

（二）海洋资源环境是经济社会可持续发展的重要依托和保障

海洋资源的开发利用为沿海地区经济社会发展做出了重要贡献。海洋资源种类繁多，海洋生物 2 万多种，渔场面积 $280×10^4 \text{ km}^2$。海洋石油资源量近 $300×10^8 \text{ t}$，天然气资源量约 $19×10^{12} \text{ m}^3$，近海海上风能、潮汐能、潮流能等可再生能源蕴藏量超过 $10×10^8 \text{ kW}$。海洋优越的自然环境条件和丰富的自然资源，为我国经济社会发展提供了更为广阔的空间，是缓解我国资源环境瓶颈的重要保障。

依托海洋，沿海地区以 14% 的土地和 40% 的人口，创造了 60% 以上的国内生产总值。"十二五"期间我国海洋经济发展势头强劲，年均增速为 13.5%。2011 年全国海洋生产总值 45 570 亿元，比上年增长 10.4%。海洋生产总值占国内生产总值的 9.7%，其中，海洋产业增加值 26 508 亿元，海洋相关产业增加值 19 062 亿元，涉海就业人员超过 3 420 万人。海水产品产量 $2 798×10^4 \text{ t}$，占全国食用动物蛋白总量的 1/4；海洋油气年产量超过 $5 000×10^4 \text{ t}$ 油当量，占全国油气年产量的 23%，2010 年我国国内新增油气产量的 80% 来自于海洋油气田。另外，我国对外贸易 90% 以上的货物依靠海运，海洋是支撑我国"大进大出"外向型经济格局的重要载体。

（三）海洋生态环境特征是区域海洋开发与管理的前提

一个国家或地区要想大力加快海洋资源开发，不断强化海洋综合管理，首先必须搞清楚该地区的海洋资源、气候、水文、生态等自然环境特点，遵循和掌握自然规律，形成一套具有区域特色的、行之有效的管理和运行制度。如大规模海洋油气资源的开采需要建立一套严格有效的生态环境监测、监督和治理机制；热带和亚热带海区的台风发生频率高，必须针对台风发生、发展和经过路径制定一套科学、有效的防范与应对台风灾害的预警体系、救灾应急预案及相应的工作制度。而针对海洋生物多样性丰富、拥有珍稀海洋生物的重点海域，必须从生态安全和可持续发展的角度，根据海洋生物的生命特点和生活习性，建立定期休渔制度和为海洋生物提供生命通道等特别措施，进而推动海洋生物生态资源永续利用和可持续发展。

（四）海洋资源环境禀赋条件是区域海洋产业选择的基础

要素禀赋是人类生产活动所需要的基本的物质条件和投入要素。自然资源禀赋论认为，由于各国的地理位置、气候条件、自然资源蕴藏等方面的不同形成各国专门从事不同部门产品生产的格局。不同区域的海洋生态环境存在巨大差异，这种差异对于许多海洋产业的发展具有决定作用，从而使某些海域在发展特定海洋产业时具有明显的区域比较优势。如靠近洋流交汇处的海域形成天然的海洋渔场，海洋捕捞业就会蓬勃发展；海参、鲍鱼、海带等海洋动植物的生长繁殖对于气候有特定要求，进而促进海洋养殖产业发展；良好的海洋生态环境、特定的海洋文化等对于发展海洋旅游产业具有独特优势，诸如此类海洋生态环境形成区域产业发展要素禀赋充分说明，区域海洋产业发展是建立在当地海洋资源、生态、环境基础上的，通过发挥这些比较优势，形成优势海洋产业对于区域可持续发展具有重要意义。

二、经济社会可持续发展对海洋生态环境的相关需求

（一）深入的海洋生态环境科学研究

我国海洋经济的快速可持续发展，需要深入的海洋生态环境科学研究的支持，其中包括利用海洋科学的理论和方法、先进的海洋技术对海洋环境和资源进行评价、制定科学合理的开发保护规划，研究适合我国实际的海洋综合管理理论、法律制度和管理模式等。通过对海洋生态环境科学进行深入研究，可以减轻由于开发利用海洋而对海洋生态、资

源、环境造成的巨大压力，降低对海洋生态环境的损失破坏程度；科学技术的进步和生产力的发展，将创造清洁生产和节约资源的生产方式，使得海洋承载人类活动的能力扩大，为改善海洋生态环境、促进海洋经济可持续发展提供技术支持。

（二）连续的、有效的海洋生态环境监测与评估技术

在海洋生态保护与管理工作中，为及时了解海洋生态系统的演替趋势和人类活动、突发事件的影响，必须实施海洋生态环境监测。连续的、有效的海洋生态环境监测与评估技术是科学决策、有效解决海洋生态环境问题的基础，是海洋经济持续发展的科学保障。从 2002 年以来，我国沿海 11 个省、市、自治区均建立了海洋环境监测机构，同时，还研发了一批海洋环境实时监测仪器和系统，精细化预警预报技术、无人机遥感监测技术得到示范应用。近年来，我国近岸海域污染严重，因此，应在环境污染重点区、环境敏感区域增设监测点，提高监测水平，尤其是针对区域重点污染物进行监测，形成覆盖全国的监测网络，提高环境风险预警能力；进一步细化监测内容，提高监测的针对性；提升科技手段对海洋生态环境监测的支撑能力，从地理信息技术、遥感技术等方面，加强技术支撑，提高监测实效，增加监测范围。

（三）完善的海洋生态环境保护与治理机制

由于海洋拥有多种可供人类开发利用的资源，使许多部门大量的人力、物力投入不同的开发活动，在获得重大经济效益的同时，也出现了一些对资源和环境的损害事件，各开发部门和行业之间也产生了一些错综复杂的矛盾纠纷，不同程度地影响了开发效益的提高和环境、资源的可持续利用。因此，必须分析研究不同的开发活动对海洋资源和海洋环境的影响，不同的开发活动间的矛盾纠纷，适时制订有关法律、法规、

规划、计划、实施海洋综合管理，协调海洋资源开发利用活动，控制开发利用对海洋自然资源和环境的破坏，维护海洋的自然平衡，强化海洋资源对经济发展持久不衰的支持能力。

（四）强劲的海洋生态环境科技创新人才需求

海洋科技与经济发展结合日趋紧密。沿海地区纷纷发布本地区的科技兴海发展规划，国家、地方和企业形成了科技合力，建设了一批科技兴海示范基地。海洋科技对海洋开发、海洋保护和海洋管理的支撑服务能力显著提升。但从目前我国海洋经济发展势头和海洋开发利用现状来看，我国海洋科研和教育的整体能力远不能满足海洋事业发展的需要。为保证海洋经济持续、快速发展，满足海洋资源、环境可持续利用，亟待提高海洋科学技术创新水平，加强海洋科技创新人才队伍建设，形成由海洋科技创新人才、海洋业务专业人才、海洋科技产业人才、海洋科技管理人才结合的年龄结构合理、专业结构完善、以高级科技人才为主力军的高素质海洋科技队伍，以保证未来我国海洋经济发展具备强有力的海洋科技发展支撑。

第二节　现行我国海洋综合管理现状及主要问题

一、我国海洋综合管理现状

自新中国成立以来，我国海洋管理工作经历了重大的发展与变革，经历了从行业管理到行政管理加海洋环境复合管理，再向初级海洋综合管理过渡的不同阶段，逐步形成了海洋综合管理与分部门、分行业、分级管理相结合的海洋管理体制。管理手段也从过去的以行政手段为主，逐步转变为综合运用法律、经济、技术和必要的行政手段，特别是以生态系统为基础的海洋与海岸带管理在我国一些区域也逐步开始实施。

2008 年 2 月，国务院赋予国家海洋局加强海洋战略研究和综合协调海洋事务的新职能，标志着我国海洋综合管理工作进入了新的阶段。

（一）海洋法律法规体系基本形成

随着我国海洋事业的蓬勃发展和《联合国海洋法公约》的生效，我国海洋法制建设快速推进，已颁布实施专门海洋法律 6 部，法规 30 多部，涉海法律 30 多部，法规 50 多部。其中，《中华人民共和国领海及毗连区法》和《中华人民共和国专属经济区和大陆架法》明确了我国领海、毗连区、专属经济区、大陆架的海洋疆土空间范围、主权权利、管辖权等权利内容和性质，以及国内外在管辖海域活动的管控要求；《中华人民共和国海域使用管理法》建立了海洋功能区划、海域权属管理、海域有偿使用三项基本制度；《中华人民共和国海洋环境保护法》对海岸工程、海洋工程、陆源污染物、船舶倾废等五大污染源的环境防治提出了明确的法律要求，确定了入海污染物总量控制制度、海洋生态保护制度、海洋环境监督管理制度等基本制度。《中华人民共和国海岛保护法》确立了海岛保护规划制度、海岛生态保护制度、海岛使用审批制度、有偿使用制度、特殊用途海岛保护制度。同时，还颁布了《涉外海洋科学研究管理规定》《铺设海底电缆管道管理规定》和《海洋倾废管理条例》等法规。

（二）海洋管理与执法队伍初具规模

近年来，我国在海洋行政管理、监测与维权执法、海洋科学研究等方面不断加大投入，技术装备与队伍建设初具规模。国家及沿海省（自治区、直辖市）、市、县，甚至乡镇均设立了海洋行政管理部门或相关部门，以承担辖区内海洋综合管理职责，其中区县级海洋行政管理部门达 230 多个。国家层面设立海监总队及 3 个海区总队、16 个海监支队，地方层面设立省级海监总队、海监支队、海监大队，装备海监飞机、各类执法船艇和执法专用车等设备。国家海域动态监视监测管理系统实现业务化运行，各级海域使用动态监视监测机构 79 个，技术人员600 多人，有力地保障了海洋开发管理的决策技术需求；海洋环境监测体系日趋完善，技术装备和队伍建设初具规模，各级海洋环境监测机构达 232 个，技术人员 3 000 余人，海洋环境调查、监视监测能力有了很大提升。另外，涉海的海事执法队伍等其他海上执法队伍装备和规模也不断壮大，成为协助海洋部门综合管控海洋事务的重要力量。

（三）海洋环境保护工作不断加强

制订和实施了国家重大海上污染事故应急计划等，组织开展了海洋溢油、赤潮、日本核泄漏等突发海洋污染事件的应急监测与事故处置。加大陆源入海污染物控制力度，减少海上污染排放。实施了以海洋监测和防灾减灾能力为基础的海洋环境监测预报体系建设，强化了海洋灾害应急体系和指挥业务化建设。已建各级各类海洋保护区 221 处，总面积超过 $330×10^4$ hm^2。在近岸重点海域建立了各种类型的海洋生态监控区18 个，面积约 $5×10^4$ km^2，并探索实施了一系列海洋生态建设工程。颁布了《关于进一步加强海洋生态保护与建设工作的若干意见》，海洋环境保护工作逐步实现了由单纯污染控制向污染控制与生态建设并重转变、由单纯环境管理向环境管理与服务同时转变、由被动应对生态破坏向主动预防和建设转变。

（四）海域海岛管理工作全面推进

依据《中华人民共和国海域使用管理法》，各级海洋行政主管部门坚持依法行政，全面实施海洋功能区划、海域权属管理、海域有偿使用等海域管理基本制度，综合协调海洋开发利用，合理配置海域资源，维护用海者合法权益。截至 2012 年底，现有确权海域面积 $240×10^4$ km^2余，累计发放海域使用权证书 63 000 多本，累计征收海域使用金 485 亿元；全面加强围填海管理，建立围填海计划、区域用海规划和海域使用论证等制度，采用规划引导、计划调节、科学论证、严格审查、加强监管等措施，实现了国家对海域空间开发利用的总量控制与节奏调控，减少了围填海活动对海洋资源环境影响，实现了围填海的宏观调控。海岛管理初步建立了摸清家底、规范命名、统筹规划、分类保护与开发、动态监管的规范化管理模式。普查登岛率达到80%，完成了1 660个海岛名称标志的设置工作。海岛整治修复稳步开展，无居民海岛开发利用实现了突破。

（五）海洋区划规划体系日趋完善

21世纪以来，国务院相继批准了《国家海洋事业发展规划纲要》《全国海洋功能区划》《全国海岛保护规划》《全国海洋经济发展规划纲要》《渤海综合整治规划》以及沿海地区区域规划等相关规划，初步形成了海洋区划规划体系，为我国海洋空间开发、资源利用、环境保护的统筹、协调、监督和管理提供了重要依据。其中，海洋功能区划已经与土地利用规划、城乡建设规划并列成为我国国土空间规划的重要组成部分。2012年，国务院批准了新一轮的全国海洋功能区划及沿海省级海洋功能区划，成为我国海洋空间开发、控制和综合管理的整体性、基础性、约束性文件，是海域管理、海洋环境保护等海洋管理工作的重要依据。

二、我国海洋综合管理存在的问题

尽管目前我国海洋资源环境管理法律体系已基本形成，规划体系不断完善，海洋管理与执法队伍也初具规模，基本形成了对管辖海域环境管理能力，但目前的海洋管理体系仍存在一定的问题。

（一）海洋综合管理体制机制有待进一步协调

目前，我国海洋综合管理机制刚刚起步，海洋管理还停留在地方行政管理和行业管理层次上。行政管理部门基本上是按自然资源种类和行业部门来设置。这种条块分割的管理体制将我国的海岸和管辖海域被沿海县区级行政单元分割成 200 多个不同领域，由不同部门来监管，使得不同海洋自然资源或生态要素及其功能被分而治之，不能根据海洋生态系统的整体性进行综合管理。与此相对应，海洋资源利用与环境管理实行单项和部门管理，各部门（如海洋、交通、农业、石油、旅游等）职责平行，使海洋管理演化为"各自为政、职责不清"的局面，缺乏综合协调和联合执法的机制和手段，各部门之间的协调成为海洋管理的顽疾，致使跨行政区域、跨行政部门的海洋生态环境保护问题难以解决。

（二）海洋综合管理的法律法规有待于加强和完善

海洋综合管理涉及海洋、环保、水利和交通等多个部门，又涉及海陆之间、沿海区域之间的协调问题。目前，我国法律法规尚不健全，缺乏统一的海洋立法规划，立法滞后于我国海洋开发利用及管理的进程。例如，《中华人民共和国海洋环境保护法》《中华人民共和国海域使用管理法》等部分法律法规需要尽快修改；《中华人民共和国领海及毗连区法》《中华人民共和国专属经济区和大陆架法》等部分法律法规缺乏具体实施的配套制度；极地、大洋等方面尚未立法。此外，现行法律法规散见于各部门或是各行业行政法规，地方、部门和行业的不同利益诉求导致对其他产业部门及其他海洋资源开发利用的利益和需求考虑不足，进而造成我国海洋管理的法律法规虽然多，但行业性突出，缺乏统筹规划，缺少完整的国家海洋战略和政策。另一方面，许多法律制度过多偏重于普遍的、共性的、一般的环境保护问题，缺乏针对不同区域的具体环境问题解决方案，不能适应基于生态系统的海洋综合管理需要。

（三）陆、海相关的环境保护规划需要有效地衔接

我国处于海洋经济快速发展阶段，海洋生态环境和产业布局变化迅速，沿海区域开发开放对海洋空间的需求愈加迫切，特别是沿海港口、临海工业等建设用海对渔业用海、保护区海域等造成较大压力，行业用海矛盾日益突出，海洋污染等环境违法事件的发生导致用海者之间的利益冲突进一步加剧。同时，我国海洋空间资源市场配置机制尚未建立，海洋环境管理与经济发展之间还缺少必要的协调机制，部分沿海地区重眼前，轻长远，缺乏科学的海洋空间资源开发利用规划，产业布局不尽合理，资源利用效益不高。此外，涉海管理部门较多，陆地与海洋的开发利用和保护的统筹协调机制尚未建立，海洋环境保护与沿海区域发展综合决策缺乏实质性融合，海洋管理与流域管理、海域管理与土地管理和地方行政管理不能很好地衔接，海洋与流域环境分而治之，资源与环境管理不能有效地统一综合，缺少综合的陆地—海洋管理战略规划。

（四）海洋管理科技支撑能力需进一步加强

近年来，我国海洋科技总体水平有了较大提高，但我国海洋科技对海域综合管控的支撑作用还较为薄弱，与发达国家相比还有较大差距。目前，我海洋综合管理的技术含量偏低，面对日益变化的国际、国内形势和问题，现有的政策措施和管理手段与现实情况出现脱节和矛盾，科研立项滞后于管理需求，缺乏国家海洋前瞻性战略规划研究，成果的应用转化程度不高，对管理政策制订缺乏足够的理论依据和科技支撑。针对生态系统的海陆统筹管理技术体系研究水平还较低。另一方面，海洋调查、探测能力和水平仍然不足，海域使用动态监控还有许多技术问题需要解决，海洋监管水平和力度有待加强。此外，海洋调查、观测数据与信息共享一直是困扰海洋科技工作者的瓶颈问题，各部门监测标准不

一，数据不一样，甚至相互矛盾对正确管理决策的制订提出了挑战，同时也造成了资源的浪费。

三、建立海洋综合管理模式的必要性

基于生态系统的理念与方法是当前国际海洋综合管理战略思维的新发展，它是基于生态系原理，集海洋空间布局规划、海域使用法制管理、海洋生态环境保护、海洋监察执法管理、海洋公共事业服务于一体的海洋管理新模式，是沿海各级政府的重要公共管理和社会服务职能，也是事关经济社会发展全局的大事。基于生态系统不仅成为海洋综合管理的研究视角，更是成为贯穿于海洋综合管理实践过程的行为尺度。作为一种综合性的资源环境管理方法，基于生态系统的海洋综合管理是随着海洋开发利用活动的不断深入以及区域合作进程的不断加快而产生的。目前，实施以生态系统为基础的海洋综合管理（EBM）已得到国内外政府管理部门、专家学者的广泛关注和普遍认可。在国家层面上，美国、加拿大、澳大利亚及其他国家正积极通过国家法律与政策发展和执行采用基于生态系统的海洋管理。加拿大政府于 2002 年宣布的国家海洋战略及关于国家海洋管理的政策声明中提出对海洋实施综合管理。2003 年，澳大利亚成立了海洋管理委员会对海洋进行综合管理，并将不同特征的海洋区域划分为 12 个基本海洋生态系统区，实现海洋资源的分类管理。2010 年，美国在《关于加强美国海洋政策的最终建议》中提出其优先领域和目标之一是实施基于生态系统的海洋综合管理。国际学术界和国际组织还提出将全球海域划分为若干"大海洋生态系统"的概念，以生态系统为基础调动跨部门力量，鼓励相关国家间的海洋环境保护区域合作，共同保护海洋生物资源。

作为一个海洋大国，中国社会与经济发展对海洋的依赖程度日益加大。近年来，我国的海洋事业得到快速发展，海洋为我国经济和社会发展做出了重要贡献。与此同时，海洋经济粗放式发展、海洋产业布局不够合理、海洋资源开发过度及海洋生态环境日趋恶化等问题日益突出。究其原因，主要与我国目前仍主要依靠传统的行业部门海洋管理模式有关。因此，立足海洋的整体和长远利益，建立海洋综合管理已成为当前必要。2003 年，《全国海洋经济发展规划纲要》明确提出，海洋经济发展规模和速度要与资源和环境承载能力相适应，走产业现代化与生态环境相协调的可持续发展之路。在 2006 年 12 月召开的中央经济工作会议强调，要增强海洋意识，做好海洋规划，完善体制机制，加强各项基础工作，从政策和资金上扶持海洋经济发展，进一步推动我国海洋综合管理工作的有效实施。基于生态系统的海洋综合管理，是按照海洋自身的客观规律，利用法律、行政和经济手段，促进海洋资源的永续利用，促进海洋生态系统的平衡与健康，以达到科学开发利用海洋资源、促进沿海地区经济可持续发展和社会和谐稳定的目的，它是开展海洋生态文明建设，建设海洋强国的必然选择，因此，建立基于生态系统的海洋管理模式，调控海洋经济和沿海地区可持续发展，符合国际发展趋势，已成为我国当前海洋经济发展的迫切需要。

第五章　开展海洋生态文明建设的意义

生态文明建设是国际可持续科学在中国的具体应用和重要实践。2005年，中国政府率先提出"生态文明"这一全新理念，并不断赋予其新的内涵。党的十七大报告首次从"中华民族生存发展"的高度强调生态文明建设的重要性和紧迫性，明确提出要"建设生态文明"，使"生态文明观念在全社会牢固树立"。党的十八大报告以"大力推进生态文明建设"为题，明确指出"生态文明建设是关系人民福祉、关乎民族未来的长远大计"，要求把生态文明建设放在突出地位，并将其贯穿到经济建设、政治建设、文化建设、社会建设各方面和全过程，成为我国"五位一体"总体布局的重要组成部分，这标志着建设生态文明已被提升为国家发展战略并开始付诸实践。

我国是海洋大国，海洋是我国经济社会发展的重要推动力和可持续发展的基础，海洋对保障国家安全、缓解资源和环境的瓶颈制约、拓展国民经济和社会发展空间皆具有强有力的支撑作用。改革开放以来，我国海洋事业和海洋经济发展取得了巨大成就。与此同时，陆海统筹不够、重陆轻海依然存在，重海洋资源开发、轻海洋生态环境保护，重眼前利益、轻长远发展谋划等深层次矛盾日益显现。党的十八大对我国的海洋工作提出"提高海洋资源开发能力，发展海洋经济，保护海洋生态环境，坚决维护国家海洋权益，建设海洋强国"的战略部署，进一步赋予海洋开发利用以现代生态文明的内涵，为海洋资源环境开发利用方式转变和深化海洋资源环境保护管理改革指明了方向。面对资源约束趋紧、环境污染严重、生态系统退化的严峻趋势，必须树立尊重海洋、顺应海洋、保护海洋的生态文明理念，把海洋生态文明放在海洋强国建设的突出地位，作为一项长期任务和系统工程。加强海洋生态文明建设已经成为沿海地区贯彻落实科学发展观的当务之急，是缓解环境资源压力、保护海洋环境的战略需要，是支撑我国沿海地区经济社会可持续发展和建设现代化海洋强国的必然选择，是全面推进国家生态文明建设的重要内容，对着力提升我国综合国力、国际竞争力和抗风险能力具有重要现实意义。

第一节　海洋生态文明建设是落实科学发展观的本质要求

党的十七大报告明确指出，"科学发展观，第一要义是发展，核心是以人为本，基本要求是全面协调可持续，根本方法是统筹兼顾"。这一论述深刻反映出我们党认识发展问题的新思维，明确了为什么发展、为谁发展和怎样发展等重大问题。科学发展观的科学内涵，既包括经济发展与政治发展、文化发展、社会发展和人的全面发展的良性互动，又包括经济与生态环境、资源、人口等要素的良性互动。生态文明要求以把握自然规律、尊重和维护自然为前提，以资源环境承载能力为基础，以满足人的全面发展所需的良好环境、实现人与自然环境的相互依存、相互促进、共处共融的发展为最终目标，建立可持续的产业结构、生产方式和消费模式。由此可见，生态文明理念为贯彻落实科学发展观提供了全面、彻底、有力的观念和方法论指导。海洋对于促进东部地区率先发展、实现全面建设小康社会的战略目标具有重大意义，海洋生态文明建设是沿海地区深入贯彻落实科学发展观、建设生态文明的重要内容。

第二节　海洋生态文明建设是实现沿海经济
可持续发展的根本出路

东部沿海地区是我国经济社会发展和外向型经济格局的龙头，随着沿海地区发展战略陆续实施，东部地区在我国全面建设小康社会的总体布局中承担着引领和带动的突出作用。全国超过 20% 的动物蛋白质食物，23% 的石油资源和 29% 的天然气资源来源于海洋。仅占 13% 国土面积的沿海地区承载了我国 40% 的人口，沿海地区生产总值和海洋生产总值已达到全国 GDP 的 60% 和 9.8%，沿海 150 余个港口是支撑我国改革开放基本格局的重要载体，也是我国重建海上丝绸之路的桥头堡，海洋经济已成为国民经济的重要组成部分和新的增长点。未来我国的发展还将长期依赖海洋，以海兴国、依海富国、以海强国。与此同时，我国东部沿海地区海洋经济发展方式仍较为粗放，产业结构不平衡、产业布局不合理的问题还比较突出，近海资源环境状况和开发利用形势依然严峻，长此以往，经济发展难以持续，海洋资源能源难以为继，海洋生态环境将不堪重负。因此，加强海洋生态文明建设，形成节约集约利用海洋资源和有效保护海洋生态环境的发展方式，对于实现东部沿海经济社会可持续发展具有十分重要的现实意义和长远的战略意义。

第三节　海洋生态文明建设是构建和谐
社会的客观需求

贯彻落实科学发展观，坚持以人为本，就是要以实现人的全面发展为目标，不断满足人民群众日益增长的物质文化需要，切实保障人民群众的经济、政治和文化权益，让发展的成果惠及全体人民。全面建设小康社会，就是要以保持社会的进步与发展、改善人民生活质量和提高人民健康水平为根本目标。以 2010 年人均国民生产总值超过 4 000 美元为标志,我国已进入到中等偏上收入国家行列。在温饱问题解决以后,人民对于优美海洋生态、良好海洋环境质量、实现全面发展的要求日益强烈也就成为新的发展阶段的重要特征。加强海洋生态文明建设,扭转海洋生态环境恶化的趋势、构建和谐人—海关系,已成为提高人民群众生活质量、满足人民群众全面发展的迫切需要。

第四节　海洋生态文明建设是实现美丽中国 宏伟目标的重要路径

我国海陆兼备,海洋空间广阔,分布 28 000 多种海洋生物,具有滨海湿地、红树林、珊瑚礁、河口、海湾、潟湖、岛礁、上升流、海草床等多类型海洋生态系统,海洋为我国生态文明建设提供了丰富的物质基础。我国 18 000 km 余的海岸线分布有金色的沙滩、美丽的海湾、蜿蜒的河口和陡峭的悬崖,还有红树、海草、芦苇、碱蓬、珊瑚、白鹭和海鸥等近万种生物分布,是中华大地上一道最美的风景线,因此美丽中国离不开美丽海洋,推进海洋生态文明、打造美丽海洋是建设美丽中国不可或缺的重要组成部分。

第五节　海洋生态文明建设是生态文明 建设在海洋领域的伟大实践

海洋生态文明建设将极大地丰富我国生态文明建设的成就。海洋生态文明建设是破解海洋污染严重、生态退化、资源约束趋紧等重大发展问题的关键,在实现“两个一百年”的奋斗目标、建设美丽中国和实现伟大中国梦的历史进程中,将发挥不可替代的作用,关系人民福祉、关乎民族未来。

第六章　发达国家海洋生态文明建设及制度体系建设经验分析

　　以党的十八大报告为指引，在现阶段生态文明理论研究的基础上，通过梳理东西方国家开发利用海洋的不同模式及人—海相互作用关系，总结了发达国家海洋生态文明建设及制度体系建设的主要做法和经验。虽然国外没有与海洋生态文明准确匹配的概念，但海洋空间规划、海洋生态分区、海岸退缩线等概念均是人—海关系建设的基本形式和空间表达，其合理的秩序安排是海洋生态文明建设的基本表现，与党的十八大报告所提出的"生态文明"建设的首要任务"优化国土空间开发格局"的理念、目标相似。此外，海岸退缩线制度、环境保护财政机制、区域合作机制、生态损害补偿机制等制度机制的建设均可为我国生态文明建设及生态文明制度体系建设提供参考借鉴。

第一节　国际上优化海洋空间规划的主要做法及实践

　　自 20 世纪 60 年代末以来，西方国家便开始进行区域规划和国土规划。70 年代初，加拿大、联邦德国等国家相继开展了区域性海洋开发战略研究，有的国家还开展了部分海洋区域的专项区划研究。2006 年海洋空间规划研讨会召开之后，国际上对海洋空间规划关注剧增，各国先后进入了实施海洋空间规划阶段，以美国、澳大利亚、荷兰尤为突出。海洋空间规划旨在更有效地组织海洋空间利用方式及各种方式之间的相互关系，平衡各种开发需求与海洋生态系统保护需求之间的关系，并以公开和有计划的方式来实现社会和经济目标，是一种朝着基于生态系统的海洋区域管理方向发展的实践方法，是近年来国际海洋综合管理的热点问题，已成为协调人海矛盾的国际公认途径。

一、美国夏威夷州海岸带管理计划

2002 年，美国夏威夷州在实施海岸带管理计划时，根据海洋环境保护和海洋经济可持续发展并重原则，在 12 海里及其毗邻区内把夏威夷海域划分为 10 个海域资源区（旅游资源区、历史资源区、景观与开发空间区、海岸生态系统区、经济活动利用区、海岸灾害防护区、管理发展区、公众参与区、海滩保护区和海洋资源保护区），又将其按照不同的资源分布特点划分为 32 个海岸带资源区，并且规定了每个海岸带资源区的管理目标和管理内容，同时规定，农村型的海岸带资源区重点强调开发建设，以促进社区经济的发展，此外，提出了一些特别管理项目，如漫滩管理、排水管理等项目。而针对较为敏感的区域，则进一步划为特别管理区（SMA），并透过许可制度进行管理，特别管理区内的所有使用方式与活动，在未获得使用许可时，除了紧急状况外，皆是被禁止的。

二、荷兰海域空间规划

荷兰是欧洲主要沿海国家，十分重视海洋的开发与保护。荷兰国家水资源规划的核心目标是建设一个安全（限制运输事故的发生、减少气候变化的影响）、健康（优质水体和物种多样性得到保护）和多产的（从石油、天然气、风能、渔业和海砂开采中获取经济收益）海洋。为达到此目标，荷兰政府通过组织研究，确定每个海岸区域应该发展什么，限制什么，从而使得海洋资源的开发利用更加充分合理。如在艾瑟尔湖地区以海岸带防御和土地围垦为主，在瓦登海地区则以保护海洋生态环境为主，在《Trilateral Wadden Sea Plan》当中指出，瓦登海主要利用活动包括农业、工业、航运、渔业、观光与游憩，通过海洋区划，透过规范各保护目标在生态过程、受打扰的承载力、受污染的承载力、水质、沉积物的质量要求，以达成平衡保护目标与人类永续使用目标。同时，荷兰政府预先预测了3种空间用海情景，规划期为10年（基准年为2005年，目标年为2015年），可选的空间用海情景说明用海的经济增长速度的最小值、中值和最大值会分布在哪些海域并绘制成图，进而预测未来可能出现的机会或冲突，确定优选情景或可选情景，并提出具体管理措施。

三、澳大利亚大堡礁海洋公园规划

澳大利亚可以说是世界上最早将区划应用于海洋管理的国家。澳大利亚在其大陆和塔斯马尼亚岛周围200 m等深线以内，采用以生态系为基础的海洋水域分类法，划定了60个区域进行管理，所划的区域范围从300 km² 到 $2.4×10^4$ km² 不等。澳大利亚大堡礁位于东北海岸外，面积为 $62×10^4$ km²，有2 900个珊瑚群和大约1 000个岛屿，是地球上珊瑚礁面积最大、发展最好的地区，也是生物多样性典型的区域。该保护区的管理广泛使用了海域区划，依据区划准则和设置理念，按照生态敏感度的高低将不同的海域划分为七大类（一般使用区、栖地保护区、保育公园区、缓冲区、科学研究区、海洋国家公园区和保留区），各区域被规定为不同级别的保护区并有不同的开发利用方式及相应的管理要求。区划充分尊重保护区内原住民的权益和兴趣，并将原住民传统海洋资源利用活动纳入区划计划中进行综合管理。实际上，大堡礁海洋公园的区划管理是海洋自然保护区中的区划管理，是普遍公认的、管理海洋自然保护区的较为有效的措施。

四、其他国家的海洋空间规划

此外，欧盟和日本等发达国家也相继开展了海洋空间规划的制定和实施。2003 年，比利时着手建立海域总体规划，分阶段设定了物种保护、自然生境维护以及海砂开采和风能利用等的海域空间边界。2004 年，德国在专属经济区建立海洋空间规划总体框架，完成了"旨在建立最适宜的海洋空间利用区，使社会经济发展对海洋空间的需求与海洋空间生态功能相协调"的北海和波罗的海海洋空间规划。2005 年，《欧盟海洋环境策略纲要》发布了海洋空间规划的支持性框架。2006 年，欧盟颁布《欧洲未来海洋政策绿皮书》，指出海洋空间规划是管理日益增长的海洋经济冲突和保护生物多样性的关键手段，必须利用海洋空间规划手段实现海洋的可持续发展，恢复海洋环境健康状况。日本曾对东京湾的水质进行了划分，并对濑户内海和东京湾进行了综合评价研究，在海洋环境、自然资源、经济基础和开发技术等方面进行了全面分析后，提出优化发展模式。

如上所述，一些国家根据海洋资源的特点进行分区管理，但主要从岸线区划的角度进行管理，如美国夏威夷州。荷兰、比利时等主要实现资源区划，不同的区域实行不同的管理对策。尽管这些分区管理存在着一定的差别，但从本质上说都具有海洋区划和规划的某些性质，其根本目的是更为科学地利用海洋资源以及更为有效地对海洋实施综合管理。

第二节　发达国家有关海洋生态文明
制度体系的建设情况

一、海岸建设退缩线制度

海岸建设退缩线作为一项有效的海岸带管理手段，在国际上已经被广泛应用。美国有约 2/3 沿海地区和大湖区的州采用建设退缩线来管理海岸的开发活动。欧洲于 20 世纪 80 年代就已开始了海岸退缩线管理的实践。联合国环境规划署为地中海沿岸 22 个国家推荐了统一的退缩线距离。法国对不同开发活动规定了不同的退缩线距离。在夏威夷州海岸带管理计划中，其在海滩保护区设定建筑退缩线以保留自然海岸线长度，给民众进行游闲的开放空间。此外，黑海地区的一些国家、新西兰、印度、南非、挪威、瑞典、丹麦、哥斯达黎加和澳大利亚等均有实施海岸建设退缩线的政策。

二、区域协调合作机制

（一）切萨皮克湾经验

切萨皮克湾是美国最大的河口，流域面积 165 800 km^2，具有丰富的资源（如青蟹、牡蛎、野鸭等），是一个独立的生态系统，由于过度捕捞、环境污染等原因，切萨皮克湾面临着资源衰退、环境恶化、生态系统退化等问题。自 1924 年开始，沿湾各州和联邦政府的代表多次共同讨论海湾环境问题，提出采取联合行动，管理海湾的污染和过度捕捞问题，建立各州代表组成的切萨皮克湾委员会来协调和促进项目管理，但是由于种种原因这些设想没有付诸实践。1965 年美国工程部对切萨皮克湾进行了环境资源状况和趋势分析的项目研究，以及 1979 年美国国家环境保护区牵头，联邦、州、地方政府参与在切萨皮克湾实施的第二轮科学研究和生态修复项目，为后来实施切萨皮克湾管理提供了科技支撑。1980 年，弗吉尼亚州、马里兰州的决策者联合建立了切萨皮克湾委员会，宾夕法尼亚州于 1985 年加入，1983 年，马里兰州、弗吉尼亚州、宾夕法尼亚州、哥伦比亚特区、EPA、切萨皮克湾委员会签署了一份《切萨皮克湾协议》，建立了跨州的伙伴关系。随后在 1987 年和 2000 年分别签署的两个《切萨皮克湾协议》对具体目标和问题进行了细化，为保证切萨皮克湾管理项目的实施，项目建立了永久性的切萨皮克湾委员会和项目的执行理事会以及项目的协调机制。

（二）波罗的海污染控制经验

由于波罗的海沿岸国家经济发展水平相差较大，减排成本是各个国家考虑的重要因素。而收益和费用方面的差异与减排技术和向海洋中转移污染物的差异密切相关，同时也与每一个国家所处位置有关。为此，它们的共同组织赫尔辛基委员会首先建立了必要的基本数据库，包括河流、大气进入波罗的海的营养物质量的数据；营养物质从一个区域流向另一个区域的数量，每一个国家营养盐削减的成本函数，不同国家营养盐削减的水体污染负荷响应模型等；其次利用以上建立的函数和模型，建立最优的、符合成本—效益原则的营养物质削减方案，即在削减成本最小的目标下，沿岸每一个国家的减排份额以及减排措施应进行最佳配合，以达到预定环境目标；最后是对每一个国家执行协议的动力分析，检查各国之间费用和收益的分配情况，设计出公平的在各国之间进行削减成本分摊的方案，同时设立一些履行协定的组织，确保每一个国家对协定义务的承诺。在这一框架内，经济刺激和成本将影响每一个国家向波罗的海排放营养物质的总量，反过来排放量又可以确定波罗的海各国不同海区的水质。

三、国际生态损害补偿机制

（一）美国溢油生态损害补偿机制

随着港口业和航运业的蓬勃发展，美国于 1978 年和 1980 年先后通过了《港口和油轮安全法》和《环境综合反应、赔偿及义务法》，以减少油污对环境的影响，但没有得到充分重视。直至 1989 年，在阿拉斯加威廉王子港，发生了美国历史上最严重的溢油事故，该事件中高额的清污费和各种污染损失费促使美国政府于当年的 7 月颁布了《1990 年油污染法案》（简称"OPA'90"），建立了美国船舶油污损害赔偿机制。根据"OPA′90",美国建立了国家油污基金中心(NPFC)和溢油责任信托联合基金(OSLTF)。该基金来源包括政府拨款、向接受水上石油运输的货主征收摊款、向造成污染的肇事船舶收取罚款、基金运作的正当收益等。"强制保险加共同基金"是美国防止溢油污染和完善溢油污染损害赔偿的重要机制。美国溢油污染损害补偿除了支付清污活动费用和财产损失外,还对间接损失、纯经济损失和自然损害进行赔偿。"OPA′90"溢油污染损害补偿的方式有两种:货币补偿和资源修复。其中以自然资源修复作为补偿溢油对自然资源损害的第一选择方法,这样即使间接的资源损害不能直接货币化,也可以通过让损害责任方承担修复受损自然资源的成本。修复使得对纯环境损害的补偿成为可能。在资源修复不可能,或者修复成本过高时,进行货币补偿。为使基于资源/生态修复的溢油污染损害补偿成为可能,美国国家海洋和大气管理局(NOAA)制订了比较完善的损害评估和修复评估指南。

(二)荷兰鹿特丹港口扩建生态补偿机制

2009年开始的荷兰鹿特丹港口扩建涉及 2 000 hm² 自然海域的丧失,包括小面积的海洋自然保护区。《欧洲生境指令》要求港口建设单位对当地海洋生态损害进行补偿。港口建设单位采取了生态修复和货币补偿两种方式进行补偿:一是在邻近海域建立了海床保护区;二是以货币方式补偿周边居民的财产和财务损失。

四、海洋循环经济发展的财政政策

(一)美国

美国是海洋大国,也是世界上开发利用海洋资源最早、开发程度最高的国家。2000 年 8 月美国通过的《2000 年海洋法》指导原则指出"海洋政策的制定应确保海洋的可持续利用,确保未来子孙的利益不受到侵犯""应遏止海洋生物多样性下降趋势，保持和恢复生物多样性的自然水平及生态系统的功能"，并阐述了强有力的经费保障是实施新的国际海洋政策的关键，而财政拨款是海洋经济和海洋循环经济发展的重要经费来源。据统计，美国每年投入到海洋开发的预算为 500 亿美元以上，而对于有利于海洋环境保护和可持续发展的开发项目和技术，政府财政拨款给予更大的倾斜。2000 年 8 月，美国海洋政策委员会提出建立国家海洋信托基金的建议。该基金的资金主要来源是联邦政府收取的海洋使用费，如沿海油气资源开发活动所上缴的费用以及即将出现在联邦海域从事海洋商业活动所交的各项费用，该基金将专用于海洋管理的改进工作。在海洋保险制度方面，美国将海洋环境污染责任保险作为工程保险的一部分，无论是承包商、分包商还是咨询设计商，如果在涉及该险种的情况下而没有投保的，都不能取得工程合同。政府通过这项保险措施达到海洋污染物低排放的目的，从而确保海洋循环经济的反馈式发展模式。

（二）日本

日本自 20 世纪 90 年代实施可持续发展战略以来，把发展循环经济、建立循环型社会看做是实施可持续发展战略的重要途径和方式。2004 年，日本政府投入的环保经费为 25 772 亿日元，用于推进海洋资源、海洋能源等"实现国内可持续发展"的经费达到 4 130 亿日元。日本对于促进本国海洋循环经济发展的税费政策制定得也十分完善。在日本政策投资银行等的政策性融资对象中，那些与海洋循环经济发展的"3R"事业、海洋废弃物处理设施建设等相关的项目，可以得到税收上的 14%~20% 的税收优惠比例。日本政府为了促进海洋循环经济方面的科技创新，对于新增的海洋科技研发费的部分也进行了一定的免税。此外，日本政府加大了对海洋循环经济产业的信贷投入，通过对不同的企业采取不同的贷款利率水平，促进海洋循环经济的健康发展。

第二节　国外海洋生态文明建设的经验与启示

一、优化海洋管理机构和管理模式，建立协调发展机制

从国际发展总趋势看，沿海各国尽管基本政治制度不同，海洋管理也有不同模式，但总的发展趋势是侧重综合管理，基本都建立了高层次的海洋管理协调机制，来保障海洋管理事权的有效实施。我国早在20世纪60年代即成立了专门负责海洋工作的国家海洋局。但由于种种原因，国家海洋局并未实现对海洋事务的综合统一管理职能，尤其是海洋资源及其开发、保护的管理仍然分散在各个行业部门和地方政府，这使得我国的海洋管理相当分散，缺乏高层次的协调机制，存在一系列问题。为了顺应国际发展趋势，应当借鉴有关国家海洋管理的经验，尽快改变我国海洋的分权式管理模式，积极慎重地推进海洋综合管理体制改革，建立一个有中国特色、适应中国海洋管理特点、具有协调性和相对集中的海洋综合管理体制，以此为海洋生态文明建设营造优越的管理环境。

二、适时调整和完善海洋战略规划，完善海洋规划体系

海洋规划是指导海洋开发利用以及建设海洋生态文明发展的重要手段。我国海洋规划相关工作起步较晚。21世纪初，我国在《国家中长期科学和技术发展规划纲要（2006—2020年）》《全国海洋经济发展规划纲要》《国家"十一五"海洋科学和技术发展规划纲要》等一系列战略规划中相继对海洋的发展提出了明确要求。但这些规划由于缺少宏观、综合性规划做指导，在实践中往往仅从本行业、本地区和本项目利益和角度出发，各个规划之间缺乏统一的衔接，规划目标之间整合性差。同时，由于缺少规划管理的规范性和有效的实施监督机制，各种规

划的落实效果均欠佳。因此，应借鉴发达国家已有的发展经验，制定具有针对性、先进性、可行性的海洋发展整体规划，以统一思路指引海洋生态文明建设。在宏观政策法规上，要根据不同阶段的发展计划制定相应的战略决策，并恪守与时俱进的理念，不断纠正完善政策指导；在微观层面上，各地海洋资源开发条件迥异，在开发的过程中应该注重因地制宜，做到具体矛盾具体解决。规划制定中要充分借鉴、吸收当代先进的海洋管理理念，明确保障措施和考核机制，依托规划制定更加详细的实施办法，使规划真正落到实处。在规划实施过程中要保持跟踪监督，并对完成情况进行评价。

三、加大财政投入力度，夯实海洋生态文明建设的经济基础

充足的资金是海洋生态文明建设的重要保障。结合美国、日本等国的经验与我国的现状，我国应在坚持海洋生态文明理念的指导下，不断充实和完善财政金融支持体系，夯实海洋生态文明建设的经济基础。一是继续发挥中央财政资金引导和调动社会投资积极性的作用。建立多元化、多渠道的海洋经济投入体系，重点在整合现有政策资源和利用现有资金渠道的基础上，建立稳定的财政投入增长机制，充分发挥政府在海洋投入中的引导作用，通过财政直接投入、税收优惠等多种财政投入方式，增强政府投入调动全社会资源配置能力。二是积极吸引私人投资，为海洋生态文明建设提供支持。同时在税收、收费等各方面提供优惠条件，吸引国外资本投资。三是健全税收、保险、银行信贷等金融支持措施，为发展海洋生态文明建设创造一个良好的外部金融环境。

四、发展海洋教育，培养海洋科技人才，强化全民海洋意识

面向建设海洋强国对各类人才的紧迫需求，根据海洋发展的战略思路及现实要求，建立海洋科技人员的学术交流制度，通过海外人才引进、派遣出国留学、国内重点科研教学机构培养等多种渠道，实现海洋

科技人员在国际国内的交换和流动，不断提升研究开发水平。充分利用涉海企业、高校和海洋科研部门的智力资源优势，加强海洋管理技术人才的专业素养继续教育，建立海洋从业人员的再教育制度，从而加强教育与实践的联系，提高教育的适用性。大力推进海洋知识进学校、进课堂、进教材，将海洋知识普及纳入基础教育发展规划，全面提高人民群众的海洋意识。引导新闻媒体发挥好舆论的传播、教育和监督作用，以多种方式普及宣传海洋知识，在全社会形成关注海洋、热爱海洋、保护海洋和合理开发利用海洋的良好氛围，不断为建设海洋强国注入精神动力。

第七章 海洋生态文明理论体系研究

第一节 海洋生态文明的基本内涵与特征

一、生态文明的本质特征

生态文明是人类为保护和建设美好生态环境而取得的物质成果、精神成果和制度成果的总和，是贯穿于经济建设、政治建设、文化建设、社会建设全过程和各方面的系统工程，反映了一个社会的文明进步状态。

生态文明作为人类文明的一种形态，它以尊重和维护自然为前提，以人与人、人与自然、人与社会和谐共生为宗旨，以建立可持续的生产方式和消费方式为内涵，以引导人们走上持续、和谐的发展道路为着眼点。

生态文明具有四个方面的本质特征。

（1）历时性。人类至今已经历了原始文明、农业文明、工业文明三个阶段，而生态文明是人类对传统文明形态特别是工业文明进行深刻反思的成果，是人类文明形态和文明发展理念、道路和模式的重大进步。与传统文明一样，生态文明也主张在改造自然的过程中发展社会生产力，不断提高人民的物质和文化生活水平。与传统文明不同，生态文明致力于对自然生态的人文关怀，创造生态恢复及补偿性的文明成果。

（2）共时性。生态文明只是人类文明的一个方面。自然是人类社会生存的基础，因而追求人与自然和谐的生态文明可以看做是其他三个文明的基础。生态文明以生产方式生态化为核心，将制约和影响未来的整个社会生活、政治生活和精神生活的过程，它将促使现实的物质文明、精神文明和政治文明向着生态化方向转变。生态文明建设必先始于物质文明建设向生态化方向发展，并首先以生态环境保护为抓手，协调人与自然的关系；而最终在精神文明建设中得到提升，重构和谐的人与人、人与社会的关系。

（3）层次性。生态文明建设指的是在工业文明已经取得的成果基础上用更文明的态度对待自然，不野蛮开发，不粗暴对待大自然，努力改善和优化人与自然的关系，认真保护和积极建设良好的生态环境。这是通常意义上大多数人理解并广泛使用的建设生态文明的含义，也是生态文明所具有的初级形态。在推进中国实现可持续发展的道路上，我们现在努力建设的也是这个层次的生态文明。

（4）阶段性。与生态文明的层次性相对应，生态文明的建设和实现具有阶段性。党的十七大报告对于生态文明建设的目标最先阐述的是"基本形成节约能源资源和保护生态环境的产业结构"，其强调的是保护自然资源的含义，明显具有初级阶段的特点，这意味着我们党在处理人与自然关系、发展与保护关系的问题上，虽然提升到了文明的高度，但中国社会发展水平尚未达到工业化已经完成，促使文明形态发生转变的阶段。

那么生态文明的高级阶段是什么样子，综合来看，应具有四个方面的鲜明特征：① 在生产方式上，转变高生产、高消耗、高污染的工业化生产方式，以生态技术为基础实现社会物质生产的生态化，使生态化产业在产业结构中居于主导地位，成为经济增长的主要源泉；② 在生活方式上，人们的追求不再是对物质财富的过度享受，而是一种既满足自身需要又不损害自然生态的生活；③ 在社会管理方式上，表现为生态化渗入到社会管理中，以合理配置资源为前提，公正、民主决策为准则；④ 在文化价值观上，对自然的价值有明确的认识，生态文化、生态意识成为大众文化意识，生态道德成为民间道德并具有广泛的社会影响力。

二、海洋生态文明的内涵

海洋是地球的主体，是孕育人类文明的源泉。作为自然生态系统中最大的生态系，海洋生态子系统的状况对地球生态母系统有着举足轻重的影响。世界近代任何一个大国的崛起，都必须依靠海洋。中国既是陆地大国，又是海洋大国，中国社会和经济的发展将越来越依靠海洋。因此，海洋生态文明是生态文明中最具分量的部分，是中国生态文明建设的重要支撑。

海洋生态文明作为生态文明的一个重要领域，是生态文明在海洋领域的具体表征。目前，关于海洋生态文明的理论研究较为薄弱，相关定义及内涵尚未形成统一认识。依据生态文明理念及国务院关于生态文明建设的要求可见，海洋生态文明并不局限于陆源污染控制和海洋环境保护，而是在科学技术不断发展的前提下，以新能源革命和海洋资源的合理配置为基础，改变人类开发海洋的行为模式、经济模式和社会发展模式，通过资源创新、技术创新、制度创新和结构生态化，降低人类活动的环境压力，达到海洋环境保护和海洋经济发展双赢的目的。

海洋生态文明的核心是追求人与海洋、社会经济的和谐，保障海洋经济发展和海洋环境保护的和谐统一，以海洋经济的繁荣来维护海洋生态环境的平衡，以海洋生态环境的良性循环来促进海洋经济开发，两者相互促进，最终形成一个和谐共荣的海洋生态文明格局。其本质包括两个方面：一是生态安全。生态安全是人类生存与发展的最基本安全需求，海洋生态安全的极端目标是防止海洋生态危机的发生，必须由海洋生态文明建设来承担此重任。二是生态公正。生态公正体现了人们在适应自然、改造自然过程中，对其权利和义务、所得与投入的一种公正评价。生态文明的目标是社会公正，包括人与自然之间的公正、当代人之间的公正、当代人与后代人之间的公正等。

综上所述，海洋生态文明是人类在开发和利用海洋的过程中，遵循人、海洋、社会全面、协调、可持续发展的客观规律，建立人与海洋和谐共生、良性循环、持续发展的一种社会文明形态。而海洋生态文明建设正是这种发展理念下的实践，是以建设美丽海洋，维护、提升海洋对海洋经济及沿海经济社会持续发展的支撑能力为目标，遵循人、海洋、社会全面、协调、可持续发展的客观规律，构建人与海洋和谐共生、良性循环、持续发展的良好格局，全面支持和促进我国生态文明建设。具体内涵为以海洋资源、生态、环境承载力为基础，以人—海和谐发展规律为依据，以海洋资源综合开发和海洋经济可持续发展为核心，以维护海洋生态安全为基础，以实现海洋生态公正为目标，以积极改善和优化人—海关系为根本途径，建立完善的海洋管理体制，科学统筹海洋资源，深化海洋生态环境保护管理改革，积极调整海洋产业结构，有效地转变海洋开发利用方式，整体推进基于人—海共生的经济、社会、环境、生态文化和制度协调发展的生态文明形态（图7-1）。

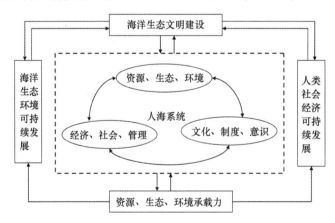

图7-1　海洋生态文明概念分析

三、海洋生态文明建设的特征

（一）开放性

海洋生态文明不同于内陆生态文明，开放性和循环性是海洋生态系统客观存在方式。海洋是一个有机联系的整体，有机物、无机物、气候、生产者、消费者之间时时刻刻都存在着物质、能量、信息的交换。从物质能量循环来看，海洋各子系统之间不断地进行着能量、物质和信息流动。从经济联系来看，海洋又是国际间信息交流和经济联系的纽带。因此，海洋生态文明建设应充分考虑海洋资源环境承载能力，按照海洋生态系统物质循环和能量流动规律重构经济系统，将经济系统和谐地纳入海洋物质循环过程中，逐步形成以海洋资源的合理利用和再利用为特点的循环经济发展模式。

（二）整体性

海洋各子系统既保持着相对的独立性和完整性，又通过彼此之间的能量流动和物质循环而构成一个联系紧密的大系统，任一个系统的变化均会影响到其他系统和过程的变化，只有维持生态构造的完整性，才能保证海洋生态系统动态过程的正常进行，使海洋生态系统保持平衡。此外，海洋生态系统又是一个多功能、多界面、多过程的生态系统，协调处理好各种关系（经济发展与海洋环境、长远利益与短期利益、陆地系统与海洋系统）才能维护海洋生态系统健康，保障海洋资源的可持续利用。

（三）综合性

海洋处于自然生态系统的低位，不仅承接了近岸和近海的开发压力，还接纳了入海河流携带的流域内污染排放和泥沙搬运，导致流域、海岸带和海洋的开发压力在海洋交织叠加，承载着远超过陆地生态系统的压力。海洋的资源和环境在空间上高度重合，这样就产生了资源开发、环境保护的时序安排和统筹协调问题，使得海洋的资源环境管理更加多元和复杂，使得海洋必须得到整体的综合管理。

（四）复杂性

海洋处于低位的特点，使得海洋环境污染等环境问题难以转移到其他生态系统，只能在海洋内部不断累积传递，特别是有毒有害物质更是在累积传递过程中，不断在海洋生物体内积累扩大，给环境带来长期影响，给人类健康带来潜在威胁。此外，海洋生态系统为海水所覆盖，加之不像陆地生态系统易于监测观测，使得海洋生态环境问题更具复杂性，因此，海洋生态文明建设不仅仅是海洋内部的问题，涉及陆域、流域多方面多行业多部门，具有一定的复杂性。

（五）公平性

海洋生态文明是充分体现公平与效率统一、代内公平与代际公平统一、社会公平与生态公平统一的文明。其中，当代人与后代人之间对海洋环境资源选择机会的公平性尤为重要。当代人之间的公平性要求任何一种海洋开发活动不应带来或造成环境资源破坏，即在同一区域内一些人的生产、流通、消费等活动在资源环境方面，对没有参与这些活动的人所产生的有害影响；在不同区域之间，则是一个区域的生产、消费以及与其他区域的交往等活动在环境资源方面，对其他区域的环境资源产生削弱或危害。世代的公平性则要求当代人对海洋资源的开发利用，不应对后代人对海洋资源和环境的利用造成不良影响。

第二节　海洋生态文明建设的理论基础

一、可持续发展理论

在对国际社会影响最大的生态文明理论与实践中，可持续发展是最具影响力和代表性的概念。其定义为"既满足当代人的需要，又不对后代人满足其需要的能力构成危害的发展"，可持续发展现已成为人类社会理想的发展模式和一种普遍的政策目标。

可持续发展理论的演进历程，国际上公认为经济学方向、社会学方向和生态学方向三个主要方向。经济学方向以区域开发、生产力布局、经济结构优化、物质供需平衡等为主要内容，将"科技进步贡献率抵消或克服投资的边际效益递减率"作为衡量可持续发展的重要指标。社会学方向以社会发展、社会分配、利益均衡等为基本内容，将"经济效率与社会公正取得合理的平衡"作为可持续发展的重要指标。生态学方向以生态平衡、自然保护、资源环境的永续利用等为主要内容，将"环境保护与经济发展之间取得合理的平衡"作为可持续发展的重要指标。此外，中国独创的系统学方向这一第四方向，也得到了国际社会的广泛认同。该方向以综合协同的思维方式，以"发展度、协调度、持续度的逻辑自洽"为线索，构建了可持续发展理论的三维理论框架，有序演绎了可持续发展的时空耦合与三者互相制约、互相作用的关系。该理论充分展现了可持续发展的公平性原则、持续性原则和共同性原则。

在人类可持续发展系统中，经济可持续是基础，生态可持续是条件，社会可持续才是目的。① 在经济可持续发展方面：可持续发展鼓励经济增长而不是以环境保护为名取消经济增长。可持续发展不仅重视经济增长的数量，更追求经济发展的质量。要求改变传统的以"高投入、高消耗、高污染"为特征的生产模式和消费模式，实施清洁生产和文明消费，以提高经济活动中的效益、节约资源和减少废物。② 在生态可持续发展方面：可持续发展要求经济建设和社会发展要与自然承载能力相协调。发展的同时必须保护和改善地球生态环境，保证以可持续的方式使用自然资源和环境成本，使人类的发展控制在地球承载能力之内。③ 在社会可持续发展方面：可持续发展强调社会公平是环境保护得以实现的机制和目标。可持续发展指出世界各国的发展阶段可以不同，发展的具体目标也各不相同，但发展的本质应包括改善人类生活质量，提高人类健康水平，营造一个保障人们平等、自由、教育、人权和免受暴力的社会环境。

二、人—海关系理论

人—海关系是广义人—地关系组成部分和延展，是人地关系的天然组成部分。它一方面反映海洋对人类社会的影响与作用；另一方面表达了人类对海洋的认识与把握，突出人—海相互作用过程中的彼此响应和反馈。人—地关系，即人类社会和自然环境的关系，是现代地理学的理论基础，也是当今社会发展必须直面和探讨的问题，还是人类认识世界的永恒命题。"人"是指在一定生产方式下，在一定地域空间上从事各种生产活动或社会活动的人；"地"是指与人类活动有密切关系的、无机与有机自然界诸要素有规律结合的、存在着地域差异、在人的作用下已经改变了的地理环境。在这种人与自然两重关系的条件下，决定了人与自然关系的两重观念，在古代产生了诸如"环境决定论""征服自然论""天人交融论""天人之分论""因地制宜论"和"人地协调论"等。谋求人地关系的协调始终是人—地关系发展的核心。"人地协调论"作为一种新型的人—地关系理论，伴随着各种人口资源、环境、社会等问题，正在不断趋于完善，并已成为可持续发展的一个基本理论。

无论是哪个层面的人—地关系，人—地协调的基本内涵则是相同的。

（1）谋求人与地、人与自然的高度和谐与统一。人与自然的和谐统一包括三层含义：一是指人是自然有机体的一部分，人与自然处于相互联系相互作用的统一体中；二是人与自然又是相互独立的，人不能"主宰"自然，"支配"自然，人对自然的改造必须在尊重自然，顺应自然规律的前提下，这样人类才能持久地利用自然并获得发展；三是人与自然的和谐关系是一种动态平衡的关系，人类的发展需要不断地打破旧的平衡，建立新的平衡，这是一个相互适应的过程，而且随着人类认识自然和利用自然水平的提高而不断变化。

（2）主张经济与生态环境协调发展。一是经济增长与生态环境同步发展，即经济开发活动要使环境生态效益、经济和社会效益相互融合，同步规划、同步设计、同步实施；二是当经济开发活动与环境发生冲突或一方已处于极限，另一方有一定的余地，应采取一定的退让、妥协措施，使双方达到相对的协调，即保证双方有一定的效益，同时两者又处于和谐的运转过程中，从而使整体利益最大；三是当经济开发活动对人类生态环境的负影响已经产生，为了不致造成更大的影响，必须及时采取补救措施，如可以通过增加经济投入来提高环境恢复能力和质量水平，达到经济与环境的协调。

（3）建设生态文明，重建人类社会，是协调发展的最终目标。生态文明主张人与自然和谐共生，人类不能超越生态系统的承载能力，不能损害支持地球生命的自然系统。区域发展以经济建设为中心，但必须以生态文明观为取向。

三、循环经济理论

循环经济即物质闭环流动型经济，是指在人、自然资源和科学技术的大系统内，在资源投入、企业生产、产品消费及其废弃的全过程中，把传统的依赖资源消耗的线形增长的经济，转变为依靠生态型资源循环发展的经济。因此，循环经济就是在物质的循环、再生、利用的基础上发展经济，是一种建立在资源回收和循环再利用基础上的经济发展模式。其原则是资源使用的减量化、再利用、资源化再循环。其生产的基本特征是低消耗、低排放、高效率。

循环经济以资源的高效利用和循环利用为目标，以"减量化、再利用、资源化"为原则，以物质闭路循环和能量梯次使用为特征，按照自然生态系统物质循环和能量流动方式运行的经济模式。它要求运用生态学规律来指导人类社会的经济活动，其目的是通过资源高效和循环利用，实现污染的低排放甚至零排放，保护环境，实现社会、经济与环境的可持续发展。循环经济是把清洁生产和废弃物的综合利用融为一体的经济，本质上是一种生态经济，它要求运用生态学规律来指导人类社会的经济活动。

循环经济是对"大量生产、大量消费、大量废弃"的传统经济模式的根本变革。其基本特征是：在资源开采环节，要大力提高资源综合开发和回收利用率。在资源消耗环节，要大力提高资源利用效率。在废弃物产生环节，要大力开展资源综合利用。在再生资源产生环节，要大力回收和循环利用各种废旧资源。在社会消费环节，要大力提倡绿色消费。

从资源流动的组织层面，循环经济可以从企业、生产基地等经济实体内部的小循环，产业集中区域内企业之间、产业之间的中循环，包括生产、生活领域的整个社会的大循环三个层面来展开。① 以企业内部的物质循环为基础，构筑企业、生产基地等经济实体内部的小循环。企业、生产基地等经济实体是经济发展的微观主体，是经济活动的最小细胞。依靠科技进步，充分发挥企业的能动性和创造性，以提高资源能源的利用效率、减少废物排放为主要目的，构建循环经济微观建设体系。② 以产业集中区内的物质循环为载体，构筑企业之间、产业之间、生产区域之间的中循环。以生态园区在一定地域范围内的推广和应用为主要形式，通过产业的合理组织，在产业的纵向、横向上建立企业间能流、物流的集成和资源的循环利用，重点在废物交换、资源综合利用，以实现园区内生产的污染物低排放甚至"零排放"，形成循环型产业集群，或是循环经济区，实现资源在不同企业之间和不同产业之间的充分利用，建立以二次资源的再利用和再循环为重要组成部分的循环经济产业体系。③ 以整个社会的物质循环为着眼点，构筑包括生产、生活领域的整个社会的大循环。统筹城乡发展、统筹生产生活，通过建立城镇、城乡之间、人类社会与自然环境之间循环经济圈，在整个社会内部建立生产与消费的物质能量大循环，包括了生产、消费和回收利用，构筑符合循环经济的社会体系，建设资源节约型、环境友好的社会，实现经济效益、社会效益和生态效益的最大化。

四、生态安全理论

生态安全是指生态系统的健康和完整情况。是人类在生产、生活和健康等方面不受生态破坏与环境污染等影响的保障程度，包括饮用水与食物安全、空气质量与绿色环境等基本要素。健康的生态系统是稳定的和可持续的，在时间上能够维持它的组织结构和自治，以及保持对胁迫的恢复力。反之，不健康的生态系统，是功能不完全或不正常的生态系统，其安全状况则处于受威胁之中。

狭义的生态安全概念是指自然和半自然生态系统的安全，即生态系统完整性和健康的整体水平反映。健康系统是稳定的和可持续的，在时间上能够维持它的组织结构和自治，以及保持对胁迫的恢复力。若将生态安全与保障程度相联系，生态安全可以理解为人类在生产、生活和健康等方面不受生态破坏与环境污染等影响的保障程度，包括饮用水与食物安全、空气质量与绿色环境等基本要素。

广义生态安全概念以国际应用系统分析研究所（IASA，1989）提出的定义为代表：生态安全是指在人的生活、健康、安乐、基本权利、生活保障来源、必要资源、社会秩序和人类适应环境变化的能力等方面不受威胁的状态，包括自然生态安全、经济生态安全和社会生态安全，组成一个复合人工生态安全系统。

保障生态安全的生态系统应该包括自然生态系统、人工生态系统和自然生态安全——人工复合生态系统。从范围大小也可分成全球生态系统、区域生态系统和微观生态系统等若干层次。从生态学观点出发，一个安全的生态系统在一定的时间尺度内能够维持它的组织结构，也能够维持对胁迫的恢复能力，即它不仅能够满足人类发展对资源环境的需求，而且在生态意义上也是健康的。其本质是要求自然资源在人口、社会经济和生态环境三个约束条件下稳定、协调、有序和永续利用。

生态安全的本质有两个方面：一个是生态风险；另一个是生态脆弱性。生态风险表征了环境压力造成危害的概率和后果，相对来说它更多地考虑了突发事件的危害，对危害管理的主动性和积极性较弱；而生态脆弱性应该说是生态安全的核心，通过脆弱性分析和评价，可以知道生态安全的威胁因子有哪些，它们是怎样起作用的以及人类可以采取怎样的应对和适应战略。回答了这些问题，就能够积极有效地保障生态安全。因此，生态安全的科学本质是通过脆弱性分析与评价，利用各种手段不断改善脆弱性，降低风险。

第三节　海洋生态文明建设的要素构成

海洋生态文明的内涵十分丰富，主要包含了海洋生态文明的产业基础、海洋生态文明的文化氛围、海洋生态文明的消费模式、海洋生态文明的自然环境、海洋生态文明的资源禀赋、海洋生态文明的科技支撑及海洋生态文明的制度体系七个基本要素。这七个基本要素是海洋生态文明建设的基本组成单元，又是相互影响和相互作用的（图7-2）。

区域产业构成是海洋生态文明建设的物质基础。生态文明的产业作

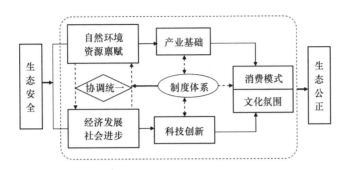

图 7-2　海洋生态文明建设的要素构成

为经济社会发展与海洋环境之间矛盾激化的产物，是人类对传统海洋生产方式反思的结果。海洋生态文明要求海洋生态经济系统必须由单纯追求经济效益转向追求经济效益、社会效益和生态效益等综合效益，以人类与海洋的共存为价值取向来发展海洋生产力。在生产方式上，转变高生产、高消费、高污染的工业化生产方式，以生态技术为基础实现社会物质生产的生态化，通过发展低碳经济和循环经济，确立生态型产业在产业结构中的主导地位，成为经济增长的主要源泉。

对海洋生态环境的科学认知和整个社会的生态文化氛围是海洋生态文明建设的精神支柱。海洋生态文明意味着人类的海洋观及思维方式实现重大转变。建设生态文明必须以生态文化的繁荣创新为先导，建构以人与海洋和谐发展理论为核心的生态文化。在世界观上，需要超越机械论，树立有机论；在价值观上，需要超越"人类中心主义"，重建人与自然的价值平衡；在发展观上，需要超越"不增长就死亡"的狭隘增长主义，建立"质量重于数量"的人口、资源、环境协调的整体发展观。

低碳和生态化的消费模式是海洋生态文明建设的公众基础。低碳型及生态化消费模式是以维护自然生态环境的平衡为前提，在满足人的基本生存和发展需要基础上的一种可持续的消费模式。生态消费模式需要依赖消费教育来变革全社会的消费理念，进而转变消费者的消费行为，引导公众从浪费型消费模式转向适度型消费模式，从环境损害型消费模式转向环境保护型消费模式，从对物质财富的过度享受转向既满足自身需要又不损害自然生态的消费方式。

良好的生态环境和对生态环境的有效保护是海洋生态文明建设的基本要求。海洋生态环境问题直接关系到人民群众的正常生活和身心健康。如果生态环境受到严重破坏，沿海地区人民群众的生产生活环境恶化，人与人、人与自然的和谐就难以实现。海洋生态文明建设的重要目标和实践要求就是要统筹好人与自然的关系，消除人类经济活动对自然生态系统构成的威胁，有效控制入海污染物排放，保护好海洋生态环境，实现海洋生态环境质量的明显改善和可持续发展。

低碳经济和资源节约是海洋生态文明建设的内在要求。没有生态环境和资源能源，经济发展就无从谈起，人类社会发展就会失去资源基础。海洋生态文明建设的重要任务，就是通过保护、节约、高效利用自然资源，循环利用废弃资源，积极开发可再生清洁能源、新能源及深海资源，保障资源的可持续供给和经济社会可持续发展，同时维护自然界的生态平衡。

科技创新是海洋生态文明建设的驱动力量。生态科技用生态学整体观点看待科学技术发展，把从世界整体分离出去的科学技术，重新放回"人—社会—自然"有机整体中，将生态学原则渗透到科技发展的目标、方法和性质中。坚持走生态科技的发展道路，是实现人与自然和谐发展的关键，也是加速生态文明建设的驱动力量。

法律制度及治理机制是海洋生态文明建设的根本保障。解决生态环境问题的本源性动力在于制度创新。一方面要通过建立生态战略规划制度，着眼于长期而不是短期的发展，真正把人与自然的和谐与可持续发展纳入到国民经济与宏观决策中来；另一方面，要创新生态文明建设的制度安排，通过制度建设与创新，鼓励更多主体的积极参与，创建更加公平的法制环境，建立更加灵活的政策工具，营造更加良好的舆论氛围。

第四节　海洋生态文明建设的发展模式

海洋生态文明建设具有层次性和阶段性，因此，不同区域的海洋生态文明发展阶段和实现模式也存在明显差异，这种差异来源于人—海关系地域系统的差异性，不同区域海洋资源禀赋、产业结构、社会经济基础和人才科技储备不同，对海洋生态文明的认识存在着差距，建设海洋生态文明的目标要求、进度也就存在差异，从而形成海洋生态文明的不同区域模式和多层次的地域系统。因此，在选择海洋生态文明发展模式与路径时，应该因地制宜，依据区域发展模式，结合本地区特色，开展适合自己的海洋生态文明规划，避免盲目跟风。在综合分析海洋生态文明内涵以及海洋生态文明建设特征的基础上，主要从建设主体、建设领域、建设内容和建设手段等方面提出海洋生态文明建设的发展模式（表7-1）。

表7-1　海洋生态文明建设的发展模式

要　素	海洋生态文明建设模式
建设目标	不同地区、不同阶段，动态设置建设目标
建设区域	区域内部、区域间建设模式
建设主体	政府、企业和公众形成整体合力
建设手段	调动公众积极性、加大生态投入、发展海洋科技、完善法律法规
建设过程	自上而下和自下而上结合，加强公众参与和监督力度
建设考核	建立差距指数、进步指数、投入指数构成的考核评价体系

一、目标模式

从建设目标看，根据不同地区、不同阶段的特殊性，确定不同的建设目标，实施差别化的海洋生态文明建设内容。按照人—海系统的差异性，海洋生态文明建设目标和内容主要包括资源保护与节约、环境保护与治理、生态保护与修复、海洋开发与保护，其中资源保护与节约是生态文明建设重中之重，环境保护与治理是关键。

二、区域模式

从建设区域看，按照空间地域作用关系，海洋生态文明建设的区域模式可分为两类。一类是区域内部模式，人—海地域系统内部各要素的协调关系研究，应通过协调系统内部经济社会子系统和海洋生态环境子系统的相互关系，促进海洋经济的协调发展，这是对科学发展观要求的具体落实；另一类是探讨区域间模式，探索海洋生态涵养空间的保护和建设，通过建立生态补偿机制，在不同区域实现差异性的主体功能，提供大体均等的公共服务。

三、主体模式

从建设主体看，海洋生态文明建设需要全民的广泛参与，应由政府、企业和公众三者协同推进海洋生态文明。政府是政策的制定者、建设的推动者和公共环境服务的提供者，在海洋生态文明建设中主要发挥引导和规范的作用；企业是核心建设主体，是绿色经济发展的主导力量，应积极参与海洋生态文明建设，并为海洋生态文明建设提供资金技术等支持；而公众则是最广泛的参与者，从根本上维持海洋生态文明建设的推动力和智慧源泉。在完善政府部门政策指引和制度保障的职能基础上，充分发挥企业和公众在生态文明建设中的作用。

四、手段模式

从建设手段看，以地方需求和群众需要为核心，加强公众海洋环境保护和海洋生态文明的宣传和教育活动，提高群众推进海洋生态文明建设实施的积极性和持续性。加强规划和政策引导，统筹谋划海洋生态文明建设的整体布局，明确开发方向，控制开发强度，规范开发秩序；加大资源、环境、生态管理制度创新力度，修改、完善、制定海洋生态文明建设的法律法规；加大生态环保投入，增强生态产品生产能力，保障基本海洋环境质量；大力发展海洋科技，全面促进海洋生态文明建设的产学研一体化。

五、过程模式

从建设过程看，海洋生态文明建设应是"自上而下"和"自下而上"相结合的"上下联动"的过程。上级在建设中主要起导向的作用，建设积极性的提高和具体措施的实施等须由基层完成。丰富公众参与的方式与渠道，加强公众参与的深度尤为重要。强调公众对海洋生态文明建设过程的参与、决策和管理。在建设考核中引入独立的第三方机构，通过每年发布评估报告，使获得命名的地区也能进一步发展；发展民间环境保护机构，对建设全过程起监督作用，公众甚至可享有"一票否决"的权利。

六、考核模式

从建设考核看，建立海洋生态文明建设全过程的绩效考核，构建全面衡量建设行为和结果的评价指标体系。构建由衡量同级不同沿海城市间海洋生态文明建设水平的差距指数，衡量同一沿海城市不同时间生态文明建设程度的进步指数以及衡量同一沿海城市一年间海洋生态文明建设投入水平的投入指数组成的指标体系，综合衡量生态文明建设的结果、过程和目标。综合考核海洋生态文明建设的显性绩效和隐性绩效，有利于促进地方政府进行海洋生态文明建设的积极性，尤其是对经济欠发达或自然禀赋较低的地区。

第五节　海洋生态文明建设的评估指标体系

海洋生态文明建设要坚持维护经济发展、生态保护、文化传承、社会进步的平衡，强调经济效益、生态效益、人文效益、社会效益的有机统一，并通过海洋生态文明指数来衡量海洋生态文明建设的程度。指标体系是对海洋生态文明建设进行准确评价、科学规划、定量考核和具体实施的依据，也是社会监督和公众参与的有效途径。构建海洋生态文明指标体系的目的是对海洋生态文明建设的总体情况进行科学、客观、准确、定量的绩效评估，从而为决策者把握当前海洋生态文明建设的状况及其文明水平，明确进一步发展的目标，制度科学、合理的政策，也为公众参与和监督海洋生态文明建设提供平台和途径。

一、指标体系设计原则

（一）系统性与区域性相结合原则

海洋生态系统是一个复杂的复合型系统，包括自然生态、经济社会多个方面，且存在明显的区域差异性。因此，海洋生态文明建设指标体系必须把自然资源禀赋、生态环境条件、经济发展水平与社会文明进步有机地结合起来，既要考虑可持续发展的全局性问题，又要顾及区域性问题，有针对性地制定适合本区域特色的指标体系，客观地反映系统发展的状态，真实全面地反映海洋生态文明建设的各个方面。

（二）科学性与实用性相结合原则

制定指标体系要建立在科学的基础上，数据来源要准确、处理方法要科学，具体指标要能反映出海洋生态文明建设主要目标的实现程度。指标体系的结构与指标选取均应体现科学性和实用性，指标的设置要简单明了，容易理解，同时还要考虑指标的可得性、可比性、可操作性和时效性，为决策者提供确实可靠的决策依据。

（三）代表性与导向性相结合原则

海洋生态文明建设是一项综合性的系统工程，涉及因素众多。指标体系的构建不宜庞杂，应提取其中若干有代表性的因子作为评价指标，同时又要避免指标间的重叠和交叉。同时，对于指标体系的设计还应充分考虑系统的动态变化，综合反映海洋生态文明建设的现状及发展趋势，便于进行预测与管理，起到导向作用，不能局限于现有的统计口径和数据，要与时俱进，勇于创新。

二、指标体系构建

根据海洋生态文明的科学内涵、基本特征以及指标本身的性质，在综合借鉴现有各种相关指标体系的基础上，既强调海洋经济社会与资源环境可持续发展的重要性，也注重提高海洋资源环境承载力，确保海洋生态安全，以建设资源节约型、生态健康型、环境友好型社会为基础条件和着眼点，通过提高全社会的文明程度和文明水平来保障人海和谐发展，系统设计海洋生态文明建设的指标体系。

本研究拟定的指标体系共分为目标层、系统层、要素层和指标层4层。其中，目标层用海洋生态文明综合指数代表生态文明建设的总体效果；系统层是根据可持续发展理论和生态文明观，将海洋生态文明建设这一新型的海洋、社会、经济复合生态系统划分为海洋资源节约集约利用、海洋生态系统良性循环、海洋经济持续高效发展、社会保障系统健全完善4个部分进行综合测度，具体分为资源利用、消费模式、生态健康、污染防治、减灾防灾、海洋经济、增长方式、产业结构、公众参与、管理制度和科技支撑11个要素层；指标层则用可得、可比的指标对要素层进行直接度量，从本质上表述系统状态的变化情况，共19个指标（图7-3）。

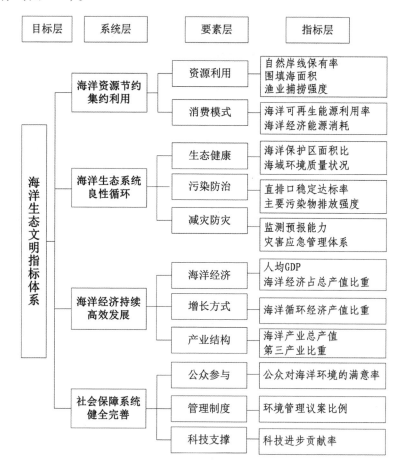

图7-3　海洋生态文明指标体系框架

（一）海洋资源节约集约利用

主要从海洋资源利用和消费模式测度海洋资源节约集约利用程度，具体包括自然岸线保有率、围填海面积、渔业捕捞强度等。

（二）海洋生态系统良性循环

主要包括生态系统健康状况、污染防治力度和减灾防灾能力3个方面。

（三）海洋经济持续高效发展

综合考虑海洋经济发展形势，具体包括海洋经济、增长方式和产业结构。

（四）社会保障系统健全完善

主要包括管理制度、科技支撑和公众参与。

第六节　海洋生态文明建设的时序阶段

一、海洋生态文明建设的研究与规划阶段

面对新的发展形势，尤其是在海洋经济蓬勃兴起、国内生态文明建设起步的大背景下，如何实现在海洋社会经济快速发展的同时，体现生态文明理念、实现海洋可持续发展目标，成为现阶段海洋生态文明建设面临的重大现实问题。然而，目前海洋生态文明建设处于研究和探索阶段，存在理论框架匮乏、评价指标散乱的特点，制约了这一领域向体系化、规范化的纵深推进。本研究认为海洋生态文明建设主要分为研究阶段和推进与实施阶段。其中，研究阶段有必要通过开展战略和规划研究，找到符合各地实际情况的海洋生态文明建设道路。主要理论框架包括：战略研究阶段、专题研究阶段和规划研究阶段三部分（见图7-4）。

（一）战略研究阶段

战略研究阶段是整个海洋生态文明建设的基础和保障。这一阶段的主要任务是明确海洋生态文明建设总体战略定位，并在此基础上开展相关理论体系研究，召集不同的利益相关者讨论，各自提出他们最关心的

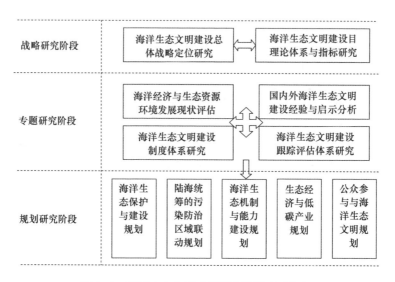

图 7-4　海洋生态文明建设研究阶段理论框架

指标，分析指标的可操作性，对指标进行整合，设置情景对指标预期成果进行模拟，评估预期结果，针对其中可能会出现的好的或不好的结果对指标进行调整。

（二）专题研究阶段

专题研究阶段是海洋生态文明建设研究阶段的主体。在确定战略定位和理论体系研究的基础上，将海洋生态文明建设分为四大专题，主要包括海洋经济与生态资源环境发展现状评估、国内外海洋生态文明建设经验与启示分析、海洋生态文明制度体系研究、海洋生态文明建设跟踪评估体系研究等。

（三）规划研究阶段

规划研究阶段是海洋生态文明建设的途径。在确定海洋生态文明建设机制和目标的基础上，明确不同群体对海洋生态文明建设的需求差异，探讨不同区域多种海洋生态文明建设的方法，协调各利益相关者的关系，权衡建设与发展的平衡点，促进区域协调发展。

二、海洋生态文明建设的实施与推进阶段

同任何发展战略一样，海洋生态文明建设也是由不同的实施与推进阶段构成的。不同的发展实施阶段所要解决的中心任务，战略重点也各不相同。党的十七大把建设生态文明确定为全面建设小康社会的重要战略目标之一，并提出到 2020 年基本形成节约能源资源和保护生态环境的产业结构、增长方式、消费模式等具体要求。经济增长的资源环境代价过大是我国建设生态文明要解决的突出问题，党的十八大报告中指出"坚持节约资源和保护环境的基本国策，坚持节约优先、保护优先、自然恢复为主的方针，着力推进绿色发展、循环发展、低碳发展，形成节约资源和保护环境的空间格局、产业结构、生产方式、生活方式，从源头扭转生态环境恶化趋势，为人民创造良好生产生活环境，为全球生态安全做出贡献"。因此，节约资源和保护环境是建设生态文明的基础，转变经济增长方式、生产方式、消费方式是建设生态文明的突破口。

据此，将海洋生态文明建设的实施推进阶段主要划分为三个层面，即生态保护、生态经济和生态文化。这三个层面在海洋生态文明建设实施阶段相互交叉、相互融合、相互促进，整体呈现逐层递进关系。其中，生态保护是根本，是在创造传统的物质财富的同时，保障资源永续、环境良好和生态健康；生态经济是核心，是依靠绿色科技建立新兴生态经济和绿色生活方式，支撑未来的生产生活，解决生态环境问题；生态文化是保障，通过法律制度、规划管理、思想意识等约束行为规范、弘扬道德观念、实现生态公正。依据不同阶段建设重点任务与目标将海洋生态文明建设阶段划分为生态现状→生态保护阶段，即启动阶段；生态保护→生态经济阶段，即推进阶段；生态经济→生态文化阶段，即提升阶段（见图 7-5）。

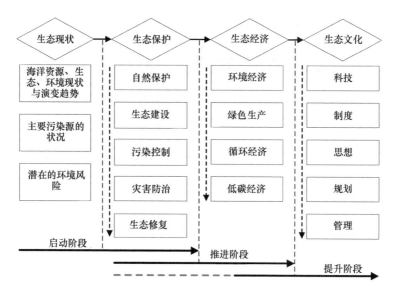

图 7-5　海洋生态文明建设实施阶段理论框架

（一）生态现状→生态保护阶段（启动阶段）

针对海洋主要污染源、海洋资源环境质量现状与演变趋势、潜在环境风险等开展海洋本底调查，彻底摸清海洋环境底数，建立海洋生态环境数据库，制定入海污染物总量控制目标；建立海洋资源环境承载能力监测预警机制，划定海洋生态红线，开展陆海统筹的生态保护修复，从自然保护、生态建设、污染控制、灾害防治等方面全面开展海洋生态保护与建设，全面构筑海洋生态安全格局。

（二）生态保护→生态经济阶段（推进阶段）

生态环境进一步得到改善，在建设和考核中延续对资源环境的重视，推行污染治理和生态修复；实现生态环境保护的全过程控制，通过源头控制，促进产业转型，积极发展环境经济、绿色产业、循环经济、低碳产业等，最终形成一个稳定可靠的生态安全保障体系和以循环经济和低碳经济为特色的社会经济稳步发展模式。

（三）生态经济→生态文化阶段（提升阶段）

提升到战略决策的控制，建立海洋生态文化体系，实现人与海洋和谐共处，海洋生态环境整体优良，沿海人民生活水平得到全面提高。通过海洋生态文明建设目标的动态设置，形成一个持续推进的过程，逐渐从以工程性、物质性建设为核心，转为以转变人们的价值观念、规范人类的发展行为为核心，应触及意识形态、制度建设和行为方式等。

第八章 海洋生态文明制度体系框架研究

第一节 既有生态文明制度体系梳理分析

一、现有生态文明制度体系归纳与分析

（一）我国生态文明制度建设已取得的成就

生态文明制度是指在全社会制定或形成的一切有利于支持、推动和保障生态文明建设的各种引导性、规范性和约束性规定和准则的总和。

从国家层面看，生态文明制度建设主要反映在国家发展的重大部署中。国家"十二五"发展规划把转变经济发展方式作为主线，把加快建设资源节约型和环境友好型社会作为转变经济发展方式的重要着力点，系统地做出了转变经济发展方式的一系列政策安排。党的十八大从决策、管理和保障三个方面做出了加强生态文明制度建设的具体部署。从各部门和领域层面看，主动推出了大量生态文明建设的试点工程和创建活动，其中都包含了大量生态文明制度建设的内容。国家发改委、财政部和国家林业局主推的"生态文明建设试点工程"、环保部主推的"生态文明建设试点创建"、国家海洋局主推的"海洋生态文明示范区建设"，范围广、影响大，初步形成生态文明建设试点示范工作格局。此外，交通部、住建部等部门也开展了一些与其业务领域相关的、局部性的生态文明建设实践活动。这些工作在制度建设上突出了两个特点：

一是改进领导制度，建立相应的职能机构或推进机制（例如由党政领导挂帅的生态文明建设领导小组等），强调对领导人的责任考核；二是强调运用经济政策，以财政补贴、生态补偿、转移支付等经济手段，对积极开展生态文明建设的地区或项目给予鼓励。

从地方层面看，生态文明制度建设呈现因地制宜、百花齐放的局面。2007 年以来，已有 15 个省（自治区、直辖市）开展了生态省建设；超过 1 000 个县开展了生态县（市、区）建设、并有 38 个县（市、区）建成；1 559 个乡镇建成国家级生态乡镇；已经批准了 53 个国家级生态文明试点，12 个国家级海洋生态文明示范区。这些活动中，加强生态文明制度化建设，提高法治水平是重要内容，例如贵阳市出台了全国首部生态文明建设地方性法规——《贵阳市促进生态文明建设条例》以及《贵阳市关于建立生态补偿机制的意见（试行）》。山东、江苏、辽宁、河北、天津等省（市）率先完成海洋生态红线划定，建立相应的海洋生态红线管理制度等。

（二）目前既有的生态文明制度

通过对既有生态文明制度进行梳理与总结，可将生态文明制度大体概括为生态文明决策制度、生态文明评价制度、生态文明管理制度、生态文明考核制度。

1. 生态文明决策制度

生态文明决策制度是那些以一种最具权威性和机构实体化程度最高的形式规定与规范着人、社会与自然之间和谐共生目标以及相应的社会与个体行为要求的生态文明制度。尤其是指由国家中生态文明政策议题或领域主要立法、执法和司法制度所组成的"生态文明国家"或"环境国家"体制，负责生态文明建设基本目标、总体规划、重要法规与重大政策的制定与贯彻落实。目前，我国生态文明建设相关的法律法规主要有《中华人民共和国环境保护法》，与海洋生态文明建设相关的法律法规主要有《中华人民共和国海洋环境保护法》《中华人民共和国海域使用管理法》《中华人民共和国海岛保护法》《中华人民共和国渔业法》《中华人民共和国海上交通安全法》等及与之相配套的实施条例和标准等。目前，资源环境问题已在我国许多法律法规和政策之中得到体现，但资源节约和环境保护，尤其是再生资源回收利用方面的法规建设仍然是薄弱环节，有利于资源环境保护的制度建设还存在大量空白，有关产业方面的立法偏少；同时现有法规还存在重复和矛盾的地方，导致法律的操作性差。在资源环境监测，环境执法职责、岗位、程序等方面，缺乏明确的法律规定。

2. 生态文明管理制度

生态文明管理制度是生态文明决策制度的具体细化与分解，其实施关系着决策制度的成效与成败。因该类制度种类繁多，形态各异，而且涉及从经济生产到大众生活的方方面面，很难做出一种详尽的列单式叙述，故将该类制度划分为规划类、环境类、资源类和管理类进行阐述。

规划类如全国主体功能区划、海洋经济发展规划、海洋功能区划、生态功能区划、生态红线等通过建立空间规划体系，划定生产、生活、生态空间开发管制界限，落实用途管制。

环境类包括排污收费制度、限期治理污染制度、排污申报登记制度、环境保护许可证制度、污染集中控制制度、重点海域污染物总量控制制度等，主要通过相关制度的实施，污染物监管与控制，推进行业性和区域性特征污染物监管与控制，使污染减排与行业优化调整、区域环境质量改善紧密衔接。

资源类包括耕地保护制度、水资源管理制度、围填海计划管理制度等。目前，正在健全国家自然资源资产管理体制，统一行使全民所有自然资源所有者职责。完善自然资源监管体制，统一行使所有国土空间用途管制职责。

管理类包括《防止船舶污染海域管理条例》《海洋石油勘探开发环

境保护管理条例》《海洋倾费管理条例》《防治海岸工程建设项目污染损害海洋环境管理条例》等。综上，我国虽然形成了一批资源节约和环境保护的规章制度和管理条例，但综合多、专门少、标准低、要求宽，可操作性差，缺乏约束力和强制力，远远不适应建设"两型社会"的需要。因此，要加快转变立法方向，调整立法重点，尽快建立起支撑"两型社会"建设的资源环境管理制度体系。

3. 生态文明评价制度

评价制度是指政府行政许可审批前，对待批项目可能造成的环境、生态影响进行分析、预测和评估，可为管理制度提供依据与支撑。如工业项目必须通过环境影响评价、安全评价等；采矿项目必须通过矿山地质环境影响评价，矿山安全评价等。已有的评价制度主要包括环境影响评价制度及相关的政策环评、战略环评、规划环评等。海洋方面包括海洋工程与海岸工程环境影响评价制度、海域使用论证等。目前，规划环境影响评价和建设项目环境影响评价的联动机制尚未健全，指标设置、评价标准方面仍有待改进。生态文明建设要求把资源消耗、环境损害、生态效益纳入经济社会发展评价体系，建立体现生态文明要求的目标体系。把经济发展方式转变、资源节约利用、生态环境保护、生态文明制度、生态文化、生态人居等内容作为重点纳入到目标体系中。因此，需要把自然生态环境价值及增减变化纳入到国民经济核算体系中，真正将其作为国民财富的重要组成部分，经济社会发展绿色评价制度是我们大力推进生态文明建设过程中必须建立的。

4. 生态文明奖惩制度

生态文明奖惩制度是我们大力推进生态文明建设过程中需要创建与逐步完善的制度。它的重要性不仅在于使党和政府的生态文明建设政策推动有一个可以操作的抓手，以便做到奖优罚劣、有序推进，更为重要的是，它可以使生态文明建设的总体目标与战略部署制度化为一些明确而具体的刚性规范与约束，同时使政府机构和民众自身都更自觉地致力于生态文明建设的目标。目前，生态文明奖惩制度尚不完善，已有的环境保护目标责任制、生态补偿制度、环境损害赔偿制度等仍需进一步建立健全。党的十八大提出要将反映生态文明建设水平和环境保护成效的指标纳入地方领导干部政绩考核体系，大幅提高生态环境指标考核权重。在限制开发区域和禁止开发区域，主要考核生态环保指标。严格领导干部责任追究，对领导干部实行自然资源资产离任审计。建立自然生态环境保育的激励约束机制，对造成自然生态环境增减变化的行为人进行奖惩。建立生态环境损害责任终身追究制。对造成生态环境损害的责任者严格实行赔偿制度，依法追究刑事责任。

二、未来生态文明制度体系改革的方向和具体举措

近年来，我国经济社会发展与环境保护之间的矛盾十分突出。我国已有的生态文明制度为何不能有效遏制生态环境破坏的行为？其原因不仅仅是制度体系不健全，更重要的是人们在现实生活中仍缺乏对实现生态公平和环境正义的应有关注，从而易于出现有法不依、执法不严等问题。为了建立系统完整的生态文明制度建设体系，应该加强以下领域的探索和研究。

（一）改革方向

1. 生态文明制度建设的生态公平和环境正义

生态公平和环境正义表达着人们利用自然并在自然资源中获利时所需承担的保护自然资源的基本责任，是生态文明制度建设的重要理论前提和主要任务，也是关于环境主体之环境行为所关涉的伦理系统（理念、规范和德性）的核心内容。我国的生态文明制度建设，必须促进生态公平和环境正义的实现，合理地关照其他物种和生态环境应该享有的公正与正义要求，从而公平地在人与人之间（代内之间和代际之间）

分配自然资源和分摊生态责任。为此，必须重视对生态文明制度建设中的价值信念、伦理规范、道德观念、风俗习惯和意识形态等非正式制度层面内容的研究和探索，促进人类自我意识的全面提升，实现生态公平和环境正义。

2. 生态文明制度建设中的制度约束力和执法独立性

制度之所以可以起到约束的作用，是以有效的执行力为前提的，即有强制力保证其执行和实施，否则制度的约束力无从实现。生态保护是不能逾越的红线，是高压线，但现实生活中，经常出现被逾越的现象。发生在许多地方的生态安全事件和环境污染事件就是源于地方监管部门执法不力，而执法不力的直接根源又在于地方政府部门主导的唯GDP政绩观和行政干预以及监管部门实质上的监管权力缺失。为保证相关制度的执行效果，在生态文明制度与相关机制设计上，应高度重视对环保部门执法权扩充和执法独立性的探索。只有保证环保部门执法的独立性、公开性、公平性和公正性，才能消除地方政府部门为了经济发展的政绩而对环境执法的干扰，也才能保证在监管上严格执行环境影响评价指标，真正起到制度约束的作用。

3. 生态文明制度建设中的制度全局性和区域特殊性

要从国家战略的高度，进一步探索全国性的生态文明制度体系，以统领全局，协调各方利益和关系。同时，也应该关注生态文明制度建设中的区域特色，特别是沿海地区的特殊性。沿海地区既是自然资源富集区，又是生态环境脆弱区。目前，沿海地区生态环境整体功能退化的趋势并未得到根本遏制。随着大规模的人口持续向沿海一带集聚，人类活动干扰日益频繁，海洋资源环境压力持续加大；同时，长期的环境欠债使海洋生态环境安全背负沉重压力。因此，要制定和完善相关法律法规，为沿海地区海洋生态文明建设常态化提供规范保障；要根据实际需要，探索沿海地区生态保护制度、资源有偿使用制度和重点生态功能区的生态补偿制度，健全体现生态文明要求的考核评价体系和执法机制等。

（二）具体举措

1. 强化财税政策的调节功能，完善生态经济制度

财税政策作为经济的重要调节手段，在生态文明建设中担负着重要的责任。我国促进生态文明建设的财税政策逐渐完善，但在鼓励和促进生态文明建设方面还明显落后于生态文明发展的需要。未来要进一步强化财税政策的调节功能，完善生态经济制度，主要从以下几方面着手。

（1）健全自然资源资产产权制度。对河流、森林、山岭、草原、荒地、滩涂、海域等自然生态空间进行统一确权登记，明确环境资源所有权、环境资源使用权、环境资源收益权三种权利的归属和分配。开征专门的环境税，统筹各种资源税费改革，实现"从量计征"到"从价计征"，建立统一的资源税费和环境税费体系。充分培育环境资源产权交易市场，如碳交易和排污权交易市场等，建立完善的产权交易制度。

（2）健全保护生态环境的市场机制。以市场为导向，根据资源的稀缺程度建立起有利于资源节约和环境保护的价格体系，减少行政权力在价格领域的干预，通过市场价格来提高经济体的生产成本，促进资源的节约利用，减少污染排放。一方面要建立"加入环境因素的国民经济账户体系"；另一方面要建立以市场为基础的价格机制。同时加强对交易市场的协调和监督。建立环境资源产权保护制度，以法律制度的形式，加强对环境资源收益权的保护。

（3）探索建立跨区域的生态补偿机制。争取出台《生态补偿法》，制定规范性文件或地方法规，细化各地的管理办法和实施细则，不断完善生态保护和补偿的法律法规。坚持谁受益、谁补偿原则，加快建立生态补偿标准体系，根据各领域、不同类型地区的特点，制定不同的区域补偿标准，提高补偿资金利用效率。综合运用政府补助和市场机制，建

立多元化的生态补偿资金渠道。建立跨省市、跨流域、跨部门的协调机制，解决跨省市之间、上下游和行业间生态环境补偿问题。建立生态补偿监督管理体制，加强对生态补偿资金使用和权责落实的监督管理。

（4）建立健全绿色财税政策与风险投资政策。积极落实国家节能环保财税政策，积极运用政府采购制度促进国产节能环保产品的推广使用。并按照中央部署适时开征燃油税和环境保护税，加快建立科学合理的资源环境财税制度。大力引导社会资金参与节能环保事业灵活运用财政补助、奖励、贴息、注入资本金、风险投资等政策措施，积极贯彻落实税收优惠政策，大力引导社会资金参与节能环保关键领域和重点项目建设。

2. 建立考核与责任追究制度，激励和约束各方行为

（1）建立健全生态文明考核评价制度。健全生态文明考核评价体系，统一数据来源和数据口径，科学合理地设定指标、统计核算及分析方法，尤其要把资源消耗、环境损害、生态效益等体现生态文明建设状况的指标纳入经济社会发展评价体系。建立省（自治区、直辖市）、市、县三级指标体系和考核方式，注重近期、中期、远期相结合的考核，并将指标体系和考核方式与考核所在地的生态、经济、社会环境等维度相结合。发挥社会组织在生态文明考核评价中的积极作用，构建起政府内部考核与公众评议、社会组织和专家评价相结合的评价机制，建立健全公众参与及公开透明的协商对话机制，加强考核的可比性、实效性和客观性。此外，针对生态文明考核存在周期长、见效慢的特点，要积极探索生态文明考核的追踪制度，并根据实际情况适当缩短生态文明考核的周期。

（2）建立健全生态环境保护责任追究制度。按照生态环境保护权责相统一原则，明确资源开发单位、法人的生态环境保护责任，将地方各级政府对本辖区生态环境质量、各部门对本行业和本系统生态环境保护的责任制落到实处。建立行之有效的生态环境保护监管体系，严格执

行环境保护和资源管理的法律、法规，严厉打击破坏生态环境的犯罪行为。建立健全包括行政监察部门、司法机关和社会舆论等多维度的生态环境保护责任追究机制，切实将生态环境保护责任追究制度落到实处。

3. 构建生态文明科技创新制度，加强技术创新与应用

（1）以我国国情为依据、以可持续发展为目标、以生态科技为主要内容，确定我国科技工作的战略重点和发展方向，研究制定新的科技发展规划和措施，大力推进科技创新，坚定不移地走生态科技的路子。制定生态科技发展规划。无论是基础研究，还是应用研究，各种新技术、新发明、新创造，都要以生态科技为主攻方向，紧紧围绕开发再生能源和能源、资源的减量化、再循环、再利用、维护生态平衡来进行，使我国科技工作尽快转向生态科技的发展轨道。全面开启生态科技创新，积极鼓励科研单位、大专院校、特别是企业围绕生态科技，开展自主创新、集成创新和引进消化吸收再创新，使企业的技术装备、工艺流程实现能量、物质的闭合循环、充分利用和产品的绿色化。

（2）要加大对生态科技创新研发的财政投入与政策支持力度，采用信贷、税收、补贴等手段，鼓励和吸引企业投资生态绿色技术和产品的研发和推广，加强生态创新技术与设备的引进、消化、吸收、再创新以及节能、节水、节材等方面的技术改造工作。

（3）要政府施行促进生态技术自主创新的政府绿色采购制度，优先购买具有自主知识产权的绿色化高新技术装备和产品；通过政策引导与支持，确立企业成为生态科技创新的主体地位。总之，要加强生态政策与创新政策协调，创造有利于生态科技创新的政策环境，充分发挥生态政策对生态科技创新的激励作用。

第二节　海洋生态文明建设的制度保障
体系框架研究

　　生态文明制度建设是生态文明建设的重要组成部分，是贯彻和落实生态文明建设的根本性保障。生态文明制度是否系统和完整，是否具有先进性，在一定程度上代表了生态文明水平的高低。党的十八届三中全会提出了要"加快生态文明制度建设"，"建立系统完整的生态文明制度体系"的新思路和新部署。从理论到制度，从倡导到落实，构建科学的制度体系已经成为深入推进生态文明建设的首要任务。全国海洋工作会议上明确提出"着力推动海洋开发方式向循环利用型转变，重点是加快海洋生态文明制度建设"；在海洋生态环境保护工作专题调研中，制度建设再次被明确要求并做出具体部署。由此可见，加强制度建设正成为推进海洋生态文明建设的重中之重。目前，虽然我国海洋生态文明建设实践工作取得了显著成效，但制度建设尚没有相应地完善起来。未来要继续推进海洋生态文明建设，就必须以制度为突破口，不断探索完善海洋生态文明建设的机制保障，重视制度体系建设，建立长效机制，逐步形成适应生态文明理念要求的"硬约束"，使海洋生态文明建设的各项工作都有章可循，有法可依。

一、海洋生态文明建设体制机制的改革策略研究

　　海洋经济时代的到来和海洋生态文明建设的提出，对于传统的海洋管理体制机制带来了很大挑战。目前，沿海地区已经成为驱动国民经济发展的主体力量，海洋经济的快速发展，对统筹协调保护海洋、维护修复海洋环境提出了更迫切的需求。而顶层设计、部门协调、保持工作成效的持续稳定都需要制度和机制的建立与完善。改革现有体制，建立完善有效机制，有利于推动海洋环境保护工作实现从以行政手段为主向综

合运用法律、经济、技术和行政手段的转变，切实解决资源约束趋紧、环境污染严重、生态系统退化等突出海洋环境问题。

（一）改革体制，形成推进海洋生态文明制度建设和实施的合力

海洋生态文明制度建设事关全社会方方面面，涉及政府、行业、企业及公众，必须正确处理好中央和地方、全局和局部、当前和长远的关系，根据海洋生态环境的系统性、整体性特点，按照政府决策、部门联动、企业主体、公众参与、各方配合的思路，推进政府、企业、公众不同层面的海洋生态环境管理体制改革，形成海洋生态文明制度建设和实施的合力。

（1）明确相关部门任务分工和分级责任，建立高效有力的协调机制和工作机制。成立由国家海洋局牵头，有关涉海部门和沿海地方政府组成的海洋生态文明建设领导小组，明确行政主管部门和沿海地方政府在海洋生态文明建设中的任务分工和分级责任，加强组织领导、协调和监督管理，切实改变以往监管分散、令出多门、执法不统一的局面。构建沿海地方政府的海洋生态环境管理综合协调机制，做好海洋、农业、环保、水利等各涉海部门保护管理行动策略和工作布局的统筹衔接，实行统一监管、分部门实施管理。

（2）建立陆海统筹的生态系统保护修复和污染防治跨区域联动机制。由上级政府牵头成立跨区域的海洋生态文明建设协调机构，根据源汇响应关系划定陆—海关联性污染防治区，制定和落实区域内主要河口和海湾的排污总量控制制度，对入海污染物排放进行统一监管，建立信息资源共享、执法资源整合的部门联动机制，整合调整海洋资源环境监管分割、规则不一、效率低下的问题。对导致区域海洋环境容量超载的主要入海河流试点推行流域限批和海域限批的联动机制。

（3）发挥企业科技创新的主体地位，建立和完善绿色产业发展机制。大力发展技术、资本密集型节能环保产业。建立和完善海洋生态文

明建设科技创新成果转化机制，提高综合集成创新能力。强化企业技术创新主体地位，发挥市场对低碳绿色环保发展方向和技术路线选择的决定性作用。围绕提高近海资源利用水平和深海战略性资源的储备需求，加快研发和推广海洋药物、生物制品以及水产品加工与质量安全控制技术，海水直接利用产业链技术体系等重大技术和装备，推进潮汐能、波浪能发电技术的应用，提高创新能力和产业化水平。

（4）鼓励公众积极参与。规范和完善公众的知情权、参与权和监督权，及时准确披露环境等社会责任信息，企业的环境信息必须公开透明，保护公众的海洋环境利益；深入开展海洋生态环境保护的基础教育，提高公众保护海洋生态环境的自觉性，鼓励社会各界参与海洋生态保护与建设。在建设项目立项、实施、后评价等环节，有序增强公众的参与程度，建立公众否决建设项目的管理规定。完善公众监督举报制度、听证制度、舆论监督制度，建立生态环境公益诉讼制度。培育和引导海洋生态文明建设领域的各类现代社会组织健康有序发展，发挥民间环保组织和志愿者的作用。

（二）完善机制，激发推进海洋生态文明制度建设和实施的动力

机制能够在制度框架内鼓励企业、社会非盈利组织和个人参与海洋生态建设和资源环境保护的积极性和有效性，要重视生态环境保护机制举报机制、监督机制、考核机制、奖惩机制等实施机制的建设，通过实施机制的建设保障科学发展观、和谐社会观、生态文明观、正确政绩观等真正落到实处。

（1）建立生态损害补偿机制，调整各方面的利益关系。生态补偿机制是生态文明建设的重要动力机制。完善的生态补偿机制是保护者自觉行为的动力机制，更是我国经济社会发展与生态文明建设实现共赢的重要前提。开展海洋生态环境补偿机制的政策研究，加快建立海洋生态补偿制度，明确补偿标准、资金来源、补偿渠道，探索多样化的生态补

偿模式。按照生态补偿原则，建立流域对海域、开发地区对保护地区、生态受益地区对生态保护地区等的跨区域生态补偿机制，研究制定各类开发活动的补偿性生态建设实施办法；加强与现行财税政策的衔接，逐步建立、完善生态环境补偿机制，提高生态补偿效果，促使海洋生态补偿逐步走上制度化、规范化轨道。

（2）研究建立海洋生态红线制度体系。从责任主体、划定原则、管理措施、机制保障等方面入手，建立严格遵行海洋生态红线的、基础性的、根本性的海洋生态红线制度保障体系。研究红线区内环境质量基准、污染排放标准和总量控制限值的确定办法，探索基于生态红线的分区生态环境管理办法，提出环境质量、污染排放、总量控制、禁止开发区域等具有约束力的红线管控体系划分方法和管理技术要点。通过制定生态红线，确保我国重要海洋生态功能区、海洋生态环境敏感区、海洋脆弱区的主导功能得到有效保护。

（3）建立海洋资源环境承载能力监测预警机制。将海洋资源环境承载力监测预警工作纳入国家和地方海洋环境保护规划体系之中，加强统筹规划和能力建设，逐步构建部门协同、上下联动的海洋资源环境承载能力监测预警体系，并在重点海域建立海洋资源环境承载能力立体监测监控系统，充分发挥海洋资源环境超载风险预警效能，实施海洋生态环境损害和资源不当利用的超载风险信息警报或警告制度。同时，积极推进建立基于海洋资源环境承载能力的科学管理和决策机制，对海洋超载区实行严格的限制性措施。设立经常性财政专项资金，用于区域内海洋资源环境承载能力监测预警体系的整合建设和业务运行。

（4）建立入海污染物总量控制制度。从我国海洋发展实际情况出发，加快入海污染物总量控制技术、标准体系、管理制度的研究及其相关指南、规程及草案的制订，运用市场化手段实现对海洋资源环境容量与总量的优化配置，推行陆源入海污染物总量控制制度，从源头、全过程控制污染物排放。推进排污权交易，出台排污权有偿使用和交易试点工作指导意见。完善陆源排污许可制度和企事业单位污染物排海总量控制制度，成立海洋排污权交易中心，鼓励地方建立海洋排污权交易平台。在进一步落实明确初始总量—分配制度的基础上，明确污染负荷的分配，推动并规范跨区域、跨行业、多用户间的排污权交易实践。

二、海洋生态文明建设的制度保障框架体系研究

海洋生态文明制度是指以保护和建设海洋生态环境为核心，调整人与海洋生态环境关系的规范，是关于推进海洋生态文化建设、海洋生态产业发展、海洋生态消费行为、海洋生态环境保护、海洋生态资源开发、海洋生态科技创新等一系列制度的总称。它能合理限制人类的开发行为，保持和恢复生态环境，完善环境法律体系，正式制度包括环境法律、环境规章、环境政策等；非正式制度包括环境意识、环境观念、环境风俗、环境习惯和环境伦理等。

海洋生态文明制度建设是海洋生态文明建设的重要组成部分，是贯彻和落实海洋生态文明建设的根本性保障。在生态文明建设总体目标的要求下，把源头、过程、后果的全过程相结合，按照"源头严防、过程严管、后果严惩"的思路，构建海洋生态文明制度体系框架，用制度推进建设、规范行为、落实目标、惩罚问责，使制度成为保障海洋生态文明持续健康发展的重要条件。将海洋生态文明建设的制度体系总体分为源头防范制度、过程监管制度、后果严惩制度三大根本制度，又将其分为生态文明决策制度、生态文明管理制度、生态文明评价制度和生态文明奖惩制度四大基本制度，具体包括健全产权制度、用途管理制度、海洋生态红线制度、海洋资源环境监测预警机制、海洋生态补偿制度、政府责任绩效考核制度等若干具体制度，最终由根本制度—基本制度—具体制度共同构成了海洋生态文明制度的完整体系（见图7-6）。

（一）建立有效的源头防范制度

在源头上要健全产权制度和用途管制制度，防止损害海洋生态环境

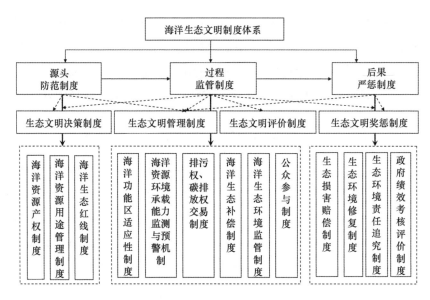

图 7-6 海洋生态文明制度建设体系框架

的行为，提高海洋资源配置效率。① 健全产权制度，进行确权登记，对海洋生态空间包括海岸带、养殖区、滩涂进行统一的确权登记。明确产权关系，明确国土空间自然资源资产的所有者、使用者、监管者及其权责利关系，形成归属明晰、权责明确、监管高效的海洋自然资源资产产权制度。② 建立用途管制制度，对用途进行严格管制，明确各类海洋空间开发、利用及保护的边界，实现能源、生物资源及矿产资源按质量进行分级，实现梯级利用。③ 建立海洋生态红线制度，研究红线区内环境质量基准、污染排放标准和总量控制限值的确定办法，提出环境质量、污染排放、总量控制、禁止开发区域等具有约束力的红线管控体系划分方法和管理技术要点。通过制订海洋生态红线，严格准入制度，实行最严格的海洋用途管理、资源节约管理，强化规划，严格审查，禁止不符合用途管制和节约标准的开发活动，确保我国重要海洋生态功能区、海洋生态环境敏感区、海洋脆弱区的主导功能得到有效保护。

（二）建立严密的过程管控制度

在发展和开发过程中健全海洋空间开发保护制度和海洋资源环境管理制度，约束地方与企业行为，保护和修复海洋生态系统。① 建立海洋功能区适应性评价制度，编制的区域规划、布局的重大项目必须符合海洋功能定位。对不同海洋功能区的产业项目实行不同的环境准入制度和评价标准。② 建立海洋资源环境承载能力监测预警机制，对资源消耗和环境容量接近承载能力的海域，调整主体功能定位，实行限制性措施，将各种开发活动限制在资源环境承载能力之内。③ 建立排污权、碳排放权交易制度。④ 海洋生态补偿制度。⑤ 加强海洋资源环境监管，整合海洋资源及环境保护的监管资源，加强法律监督、行政监察、公众监督，加大违法行为查处和惩罚力度；加强对浪费能源资源、违法排污、破坏海洋生态环境的执法监察，建立海洋资源环境监管机构统一且独立开展行政执法的机制，加强行政执法与刑事司法的衔接，加强海洋基层执法队伍建设。⑥ 健全公众参与制度，不仅包括保障公民的环境权、赋予公民环境公益诉讼的权利，还包括加强海洋生态文明教育，增强全民的资源节约意识、环保意识和生态意识。

（三）建立明确的后果惩治制度

在事后管控上建立严格损害责任赔偿制度和政府责任制度，对造成海洋生态环境损害的地方领导要终身追究责任，对企业要严厉惩罚。① 实行最严格的海洋环境损害赔偿制度，减少对海洋环境的污染和海洋生态的破坏。对于污染破坏海洋环境的任何企业或个人，处以巨额环境损害赔偿罚款，让违法者付出沉痛的代价，使其不能为、不敢为，完善"海洋环境公益诉讼"制度，解决海洋环保责任不落实、守法成本高、违法成本低等问题，把间接财产损害和环境健康损害等因素考虑进去，具有可操作性和威慑力。② 建立海洋生态环境修复机制。③ 建立生态环境责任追究制度与绩效考核制度。政府责任制度在党的十八大报告中主要体现为对干部考评制度进行了改革，要求将资源消耗、环境损害、生态效益纳入经济社会发展评价体系，建立体现海洋生态文明要求的目标体系、考核办法、奖惩机制。

三、加强海洋生态文明制度建设的保障措施与对策

生态文明建设要求有与其相适应的制度、体制和机制。只有建立完备有效的管理体系、政策体系、考核激励体系、法律法规体系，才能够从制度、体制和机制上保障生态文明建设。因此，海洋生态文明制度建设和实施要强化法制保障和政策支持，要将海洋生态文明制度建设纳入法治轨道，加大政府政策扶持力度，切实落实责任，为海洋生态文明制度建设和实施提供强有力保障。

（一）完善法律法规保障机制

海洋生态文明建设及制度体系的建立需要坚实的法律法规体系作为有力保障，特别是构建符合海洋生态文明建设要求的法律体系，引进环境与资源保护新的理念和新的立法手段，加快海洋生态环境法制建设。目前，我国海洋法制工作虽已获得重大进展，初步形成我国海洋法律体系，但与发达国家相比，我国的海洋相关法律法规还相当滞后，仍没有一部像《海洋法》这样的综合法律。因此，我国政府应加快立法的步伐，尽快制定我国的海洋基本法。针对我国海洋发展中暴露出的问题，本着适用性和前瞻性原则，着手制定适合我国国情的海洋法律法规，形成较为完整的海洋法律体系。立法过程既要注重立法技术，体现法律本身的高质量和先进性，同时还要统筹执法环节，实现立法与执法的有机统一。

（二）健全标准、财税、金融等政策体系

发挥标准作为监管和界定依据，强化生态环境监管能力。加快制定和修订入海污染物排放、海洋环境质量等方面的标准，对于现有的环境技术规范和标准体系，应按照生态文明建设要求适当进行修订，使海洋环境标准与海洋生态文明建设目标能够做到相互衔接。鼓励出台地方标准，对海洋环境污染严重地区实施更严格的污染物排放标准和质量标准。

健全财税、金融等政策，加大海洋生态文明建设的扶持力度。① 把海洋生态文明建设作为公共财政支出的重点，强化政府投入在海洋生态文明建设中的引导作用。将海洋生态环境保护投入纳入各级财政预算，保证其增幅高于同期经济增长速度。② 统筹相关资金设立海洋生态文明建设专项资金，制订实施专项治理行动计划，明确治理目标和时限，对重点工程、循环经济、先进适用技术推广、绿色产品消费、示范区建设及能力建设等给予支持。③ 加快海洋资源环境税费改革，将资源税扩展到占用各种自然生态空间，将高耗能、高污染产品纳入消费税征收范围，对污染防治任务繁重、技术标准成熟的税目开征环境保护税，完善节能环保、新能源、生态建设的税收优惠政策。④ 要深化生态环保投融资体制改革，建立海洋生态环保投融资平台，推广绿色信贷，支持节能环保、循环经济等项目通过资本市场融资，对排污权实行抵押融资。

（三）健全政府绿色考评体系

政府是社会的管理者，是推动社会和经济发展的领导力量。当经济发展与生态环境的矛盾日益激化，就必须强化政府的环境管理职能。应在把握海洋生态文明建设的正确方向基础上，建立政府绩效考核制度和责任追究制度。① 编制自然资源资产负债表，对领导干部实行自然资源资产和环境离任审计，加大资源消耗、环境损害、生态效益、产能过剩、科技创新的考核权重，将领导干部生态文明建设实绩作为评价干部政绩、评定年度考核等级、实行奖惩和干部晋升提拔的重要依据之一。② 把生态效益等指标纳入经济社会发展综合评价体系，建立一套生态文明考核指标体系和考核办法，根据不同区域主体功能定位，因地制宜，制定科学、针对性强、可操作、不繁琐的考核办法，实行差别化考核制度。③ 建立各级领导干部任期生态文明建设责任制、问责制及终身追究制，对造成生态环境严重破坏的要记录在案，实行严格的终身追究，不得转任重要职务或提拔使用。对推动生态文明建设工作不力的，由干部部门会同纪检监察部门及时诫勉谈话；对不顾资源和生态环境盲目决策、造成严重后果的，要追究责任；对履行职责不力、监督管理不严、失职渎职的，要依法追究有关人员的监督责任。

下篇　海洋生态文明建设总体战略和重点任务

　　自党的十八大召开以来，我国的经济、社会发展进入了新的阶段，面临着前所未有的机遇与挑战。海洋事业也处于快速发展的重要历史机遇期。随着海洋开发战略的全面展开，海洋开发与保护之间的矛盾日益凸显，海洋生态环境问题已经成为制约沿海地区社会经济发展的重要瓶颈。"十三五"时期是我国现代化建设进程中非常关键的 5 年，也是全面推进海洋生态文明建设的重要时期。通过开展"十三五"海洋生态文明建设规划研究，提出"十三五"海洋生态文明建设的总体布局和重点任务，对于实现海洋发展战略目标、推动我国海洋生态文明建设具有重要意义。党的十八大政府工作报告具体提出了海洋生态文明建设总体目标，确定了"生态保护—生态经济—生态文化"三步走的"十三五"海洋生态文明建设总体部署，并将其划分为"全面启动阶段—重点推进阶段—深化提升阶段"3 个分步走实施建设阶段，确定"一带五区十片"的海洋生态文明建设布局框架及六大海洋生态文明建设重点任务。

第九章 "十三五"海洋生态文明建设总体布局研究

第一节 "十三五"海洋生态文明建设的总体目标及战略部署

一、总体目标

"十三五"海洋生态文明建设的总体目标为紧紧围绕建设美丽海洋和巩固、保障海洋对经济社会发展的支撑作用的长远目标，大力推动海洋生态文明建设，基本形成节约利用海洋资源和有效保护海洋生态环境的发展方式，海洋经济开发秩序和空间布局进一步优化，入海污染物排放得到有效控制，近海海洋环境质量趋向好转，海洋生态保护与建设取得显著成效，海洋监测观测能力达到国际先进水平，海洋生态文明制度体系初步建立，公众海洋保护意识明显增强，海洋对我国经济社会可持续发展的保障能力稳步提升。

当前和今后一段时期，加强海洋生态文明建设的基本思路是深入贯彻落实科学发展观和习近平总书记系列讲话精神，以提升海洋对我国经济社会可持续发展的保障能力为主要目标，以提高海洋资源开发利用水平、改善海洋环境质量为主攻方向，推动形成节约利用海洋资源和有效保护海洋生态环境的产业结构、增长方式和消费模式，在全社会牢固树立海洋生态文明意识，力争在海洋生态环境保护与建设上取得新进展，在转变海洋经济发展方式上取得新突破，在海洋生态文明建设上取得新成效。

二、战略部署

基于海洋生态文明建设总体目标的实现确定了"生态保护—生态经济—生态文化"三步走的"十三五"海洋生态文明建设总体部署，并将其划分为"全面启动阶段—重点推进阶段—深化提升阶段"3个分步走实施建设阶段，确定"一带五区十片"的海洋生态文明建设布局框架及六大海洋生态文明建设重点任务（图9-1）。

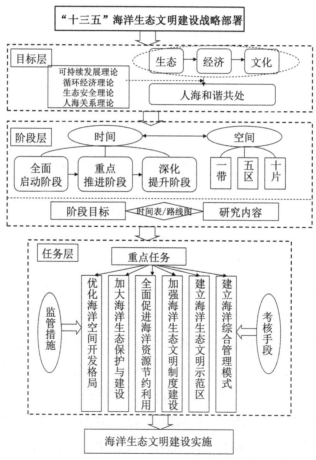

图9-1 "十三五"海洋生态文明建设战略部署

第二节　"十三五"海洋生态文明
建设的阶段与目标

一、全面启动阶段（2016—2017 年）

加强海洋保护区规范化建设，典型海洋生态系统和珍稀濒危海洋生物得到有效保护；加强岸线保护工作，切实保护自然岸线，重点污染海域环境质量得到改善，受损海洋生态系统初步修复，使局部海域海洋生态恶化的趋势得到遏制；提高海洋生态灾害和突发事故预警和应急处置能力，进一步完善海洋生态监测网络体系，加大海洋生态监管力度，构筑海洋生态安全屏障。

二、重点推进阶段（2018—2019 年）

遵循代价小、效益好、排放低、可持续的基本要求，依据沿海地区海域和陆域资源禀赋、环境容量和生态承载能力，科学规划产业布局，优化产业结构，努力形成节约集约的空间开发格局，走绿色发展道路。大力发展科技含量高、资源消耗少、承载潜力大、综合效益好的新型海洋产业，构建创新型、集约型、科技驱动型的发展模式，发展循环经济和低碳经济，形成节约能源资源和保护生态环境的空间格局、产业结构、增长方式、消费模式。开展海洋生态文明示范区建设，初步建立海洋经济与海洋生态协调发展模式。

三、深化提升阶段（2020 年）

构建海洋生态文明制度体系，培育海洋生态文明理念，提高公众海洋生态文明意识，为我国海洋开发与保护战略提供基础环境保障，为海洋生态文明建设营造良好的社会氛围。

第三节 "十三五"海洋生态文明建设的空间布局

考虑到海洋生态文明建设是一项复杂的社会系统工程，其涵盖社会、经济、生态、环境、资源、产业、科技、文化等方方面面，因此，结合海洋生态文明建设目标，以海洋经济区为依托，带—区—片相结合，确定"一带五区十片"的多层次海洋生态文明建设布局框架。"一带"指海岸带区域，作为构成我国海洋生态文明建设框架的重要组成部分；"五区"是指我国五大海洋经济区，包括环渤海海洋经济区、"长三角"海洋经济区、"珠三角"海洋经济区、海峡西岸海洋经济区和环北部湾海洋经济区。十片包括：辽宁沿海经济带、河北曹妃甸工业区、天津滨海新区、河北渤海新区、山东半岛蓝色经济区、江苏沿海经济带、浙江海洋经济发展示范区、福建海西经济区、广西北部湾经济区和广东海洋经济综合开发试验区。

依据海洋生态文明建设的目标、发展阶段、阶段任务的总体部署，结合各自经济区（片）所属海域的岸线状况、资源环境禀赋、经济发展情况、产业布局特征、生态环境现状、主体功能定位等特点和条件，具体设置"一带五区十片"海洋生态文明建设空间布局及其建设内容，开展海洋生态环境保护与建设、海洋经济发展与规划、海洋文化制度体系构建与提升、海洋综合管理与监督、建设海洋生态文明示范区等系统布局。

第十章　"十三五"海洋生态文明建设重点任务及重大举措

第一节　海洋生态文明建设的重点任务

党的十八大报告中明确了今后一个时期推进生态文明建设的重点任务主要包括：一是要优化海洋空间开发格局；二是要加大海洋生态系统和环境保护力度；三是要全面促进海洋资源节约利用；四是要加强海洋生态文明制度建设。以生态文明建设的重点任务为基础，结合海洋生态文明建设的特点及目标，从遏制我国海洋生态环境恶化趋势，保障海洋生态环境与经济社会健康可持续发展角度，研究提出"十三五"海洋生态文明建设的重点任务，具体如下。

一、优化海洋空间开发格局

开展海洋生态文明建设，必须坚持规划先行的原则。当前需要尽快划定海洋生态红线，制订海洋生态功能区划规划、海洋主体功能区划规划、临海产业发展规划、港口开发规划和沿海旅游产业规划等海洋规划，合理开发海洋资源，确保海洋资源可持续利用和维护海洋生态平衡。要在专题规划的基础上，尽快制订《重点海域环境保护规划》，结合资源环境承载力对海洋开发进行科学布局。

（一）开展海洋生态红线划定

从维护和发挥海洋生态系统对人类社会经济发展支撑能力的角度出发，以维护海洋生态健康和生态安全为目的，以海洋和海岸带的重要生态功能区、生态敏感区、生态脆弱区和资源超载区等为保护重点划定海洋生态红线区，建立实施海洋生态红线制度，坚持强制性手段的政策导向。

（二）开展海洋生态功能区划

依据海洋生态系统特征、生态环境敏感性及生态服务功能的空间分异规律，研究提出海洋生态功能区划方案，开展多级海洋生态功能区划，明确功能分区及各区域的生态系统类型的结构与过程特征、主导生态功能，主要生态环境问题及引起生态环境问题的驱动力和原因，为海洋产业布局、海洋污染防治和生态环境保护提供依据，为建立海洋综合管理模式提供技术支持。

（三）开展海洋主体功能区划

根据海洋自然条件、资源环境承载力、沿岸社会经济发展状况和人口密度等，科学规划我国海洋开发布局，进一步规范我国海洋开发秩序，为海洋经济的健康发展提供基础依据。

二、加大海洋生态系统和环境保护力度

加强近岸海域、陆域和流域环境协同综合整治，限期治理超标的入海排污口，优化排污口布局，实施集中深、远海排放。在沿海地区试点开展重点海域排污总量控制，削减主要污染物入海总量。大力推进各类海洋保护区选划、建设与规范化管理，严格保护典型性海洋生态系统。加强海洋生物多样性保护与管理，提高滨海湿地、海岛植被覆盖率。健

全完善沿海及海上主要环境风险源和环境敏感点风险防控体系以及海洋环境监测、监视、预警与防灾减灾体系。加强海洋行政监察执法工作，坚决打击各类海洋违法违规开发活动。

（一）加快推进海洋保护区网络建设

对生物多样性高、珍稀濒危物种分布、景观类型特殊的海域或海岛，组织海洋、环保、规划和生物专家严格论证，建立海洋保护区予以重点保护。有目标、有重点、有计划地选划建设海洋自然保护区、海洋特别保护区和国家海洋公园，迅速填补海洋生态保护的空白点，加快构建布局合理、规模适度、管理完善的海洋保护区网络体系。

1. 加大海洋保护区建设与发展总体规划

编制海洋保护区建设与发展总体规划，确立海洋生态保护的科学发展方向和合理的布局。建立不同级别、不同规模、不同保护对象、不同保护方式的海洋保护区，形成科学合理的海洋保护区的分布格局和管理体系。

2. 提升保护区规范化建设水平

加强保护区空间整合和保护目标衔接，将分散化、片段化的保护区有机整合，实现海湾、海岸、海滩、海水、海岛的协同保护。加强海洋保护区规范化管理，制定实施《国家级海洋保护区监督检查办法》。加大保护区实验室、宣教场所、管护巡护等保护区基础设施能力建设以及国家、海区和保护区生态监控系统平台、各项远程监控、保护区生态监测站等建设，实现国家级海洋保护区规范化能力建设全覆盖。

3. 海洋保护区建设与发展总体规划

编制海洋保护区建设与发展总体规划，确立海洋生态保护的科学发展方向和合理的布局。建立不同级别、不同规模、不同保护对象、不同保护方式的海洋保护区，形成科学合理的海洋保护区的分布格局和管理体系。

4. 加强海洋生物多样性的监测

不断对海洋监视检测方案进行优化，加强海洋生物多样性的监测。分批分期地进行本底调查，摸清区内的生物种类和生态结构，包括群落组成、分布特征，以及非生物环境要素的状况，建立数据库以利以后对照。

5. 控制海洋捕捞，推广健康海水养殖

控制和压缩近海传统渔业资源捕捞强度，继续实行禁渔区、禁渔期和休渔制度，确保重点渔场不受破坏。加强重点渔场、江河入海口、海湾等海域水生资源繁育区的保护。海水养殖业要实行清洁生产，严格管理老化水排放。

6. 严格控制滩涂围垦和围填海

对围垦滩涂和围填海活动要科学论证，依法审批。严禁非法采砂，加强侵蚀岸段的治理和保护。

（二）加强生物多样性保护

1. 加强海洋生物多样性的监测

不断对海洋监视检测方案进行优化，加强海洋生物多样性的监测。分批分期地进行本底调查，摸清区内的生物种类和生态结构，包括群落组成、分布特征，以及非生物环境要素的状况，建立数据库以利以后对照。

2. 防止外来物种入侵

对引进的海洋生物物种要按国家有关规定进行检疫和生态安全评估；要严格控制船舶压舱水的排放，防止有害生物携带入侵。加强对外来物种的引种管理，严格执行许可制度，杜绝盲目引种。引种之前应进

行认真调查研究和论证工作，严格控制养殖范围，特别是应注意对生态负效应的评估与检查，做好海洋生物物种安全环境评价报告。

3. 科学养殖，坚决控制盲目引种

要合理规划养殖品种，改善目前养殖结构单一的现状。同时应有计划地开展生态治理工程，合理调整养殖生产。一方面发展短食物链、高产出的品种增养殖，如贝类具有充分利用水体初级生产力，净化水质的功能，可优先发展，在渔业环境逐步改善后，再发展其他品种的增殖放流；另一方面则要适当压缩对虾养殖面积，降低养殖密度，发展生态养虾，减少养虾业自身污染，保持良好的生态环境。

4. 控制海洋捕捞，推广健康海水养殖

控制和压缩近海传统渔业资源捕捞强度，继续实行禁渔区、禁渔期和休渔制度，确保重点渔场不受破坏。加强重点渔场、江河入海口、海湾等海域水生资源繁育区的保护。海水养殖业要实行清洁生产，严格管理老化水排放。

5. 严格控制滩涂围垦和围填海

对围垦滩涂和围填海活动要科学论证，依法审批。严禁非法采砂，加强侵蚀岸段的治理和保护。

（三）加强海洋生态修复与恢复

1. 提升海洋生态环境监测能力

继续深化海洋生态环境监控工作，建立完善行政管理、海洋监测、行政执法及保护区管理等海洋生态监控综合机制，努力将各项生态调控措施落到实处。特别是重点加大对重点海域（旅游区、养殖区）的监测频率，增加监测指标。提高应对海洋灾害（赤潮、绿潮、溢油）突发事故监测监督和管理的能力，提高应对的效率和速度。

2. 积极开展海洋生态修复和建设工程

积极开展陆海统筹的生态保护修复机制研究，在典型海洋生态系统集中分布区、外来物种入侵区、海岛、气候变化影响敏感区，特别是生态破坏严重的区域开展"蓝色海湾""南红北柳""生态岛礁"等一批典型海洋生态修复工程，建立海洋生态建设示范区，因地制宜采取人工措施，坚持自然修复与工程修复相结合，在较短时间内实现生态系统服务功能的初步恢复。

3. 科学增养殖，建设海洋牧场

建立增殖放流的区域，在保证生态安全的前提下，增加增殖放流品种，保护、恢复海洋生物资源。建设"海洋牧场"，实现生物资源的可持续利用和生态养殖的良性发展。

4. 建立重大海洋灾害应急管理体系

按照危机管理的思想，建立重大海洋灾害应急管理体系。包括监测预警体系、防治体系、应急队伍建设、应急保障能力建设、应急管理机制和宣传教育等方面。

（四）加强陆海污染综合防控

1. 推进海域污染物总量控制

坚持"陆海统筹、河海兼顾"原则，积极推进重点海域排污总量控制。依据近岸海域环境功能区和海洋功能区的环境保护要求，以及海域自然环境容量特征，加快开展污染物排海状况及重点海域环境容量评估，确定氮、磷、化学需氧量、石油类等重点污染物的控制要求，逐步实施重点海域污染物排海总量控制。

2. 开展入海河流环境综合整治

加强对近岸海域环境影响较大的河流以及污染较重的支流、沟渠的环境综合治理。按照污染物入河总量控制要求，加强限制排污管理，维持河道生态流量和河流自净能力，按照"海域—流域—区域"控制体系，提出入海河流断面水质控制目标，加强河流跨界断面和入海断面监测，建立完善海域—流域综合污染防控机制，逐步削减河流入海污染负荷。

三、全面促进海洋资源节约利用

（一）开展海洋资源的资产化管理

完善海洋资源监管体制，健全海洋资源节约集约使用制度。明确界定海洋资源的权、责、利界限，坚持海洋资源使用权与所有权分离的原则。研究建立健全以产权约束为核心的海洋资源资产管理制度和海洋资源产权有偿转让的市场机制，促使海洋资源使用权合理转让和合理流动，实现海洋资源的高效利用与优化配置。完善养殖用海管理政策，有效解决养殖海域整体粗放利用问题，规范养殖海域占用征用补偿程序。落实国家宏观调控要求和国务院化解产能严重过剩矛盾意见，严格实行围填海计划管理，优先安排国家重点基础设施、产业政策鼓励发展项目、民生领域项目用海指标，限制高消耗和高污染产业在沿海布局。

（二）强化海洋资源的动态监管

建立健全海域综合管控体系，完善四级海域动态监测业务体系。推进海域无人机监测基地建设，引进新型空间监测技术，探索水下空间资源监测，形成水上水下立体化监视监测体系，对重点海域实施高频次监测，对热点海域实现常态化监测。全面规范海域动态监视监测业务流程，强化海域资源综合评价和决策支持，建立海洋资源承载力监测预警机制。开展海籍调查试点，推进海洋工程专项调查，对海洋工程建设项目全过程监管，探索重大项目用海后评估监测。建立大陆架及专属经济区人工构筑物建造使用管理制度。健全海岛监视监测数据采集、数据分析和应用服务机制，推动国家海岛监视监测系统业务化运行。

（三）积极推进海洋循环经济建设

要以控制陆源污染物和整治河口环境质量为重点，加强沿海地区的宏观调控，加快海洋产业结构优化升级，大力发展符合海洋生态平衡要求的新兴产业，积极培育发展海洋第三产业，着力促进海洋资源集约利用，发展优质海洋经济，促推海洋经济发展方式的转变。探索、创造和推行海洋循环经济模式。建设海洋渔业、盐化工、滨海旅游和海洋制药等循环经济系统，因地制宜，精心设计，提高生态经济系统的复合性和高效性。

1. 海域立体生态养殖

在生态环境优良的海域或海底，人为设置养殖种群类型，形成结构简单但生产力高的养殖群落，人工控制种苗放养、养成及收获全过程。充分利用海域初级生产力，最大限度地提高单位海域养殖面积和养殖产量。

2. 滩涂综合生态养殖

在人工或天然池塘内，利用不同生物生态位的差异，开展鱼虾贝藻多元立体化养殖，充分利用养殖空间，提高饵料利用率，减少废物排放，提高养殖产量。

3. 临海循环经济产业园区

选择基础条件良好的区域，建立临海循环经济产业园区。该模式以海水利用为起点，可直接用于养殖业，也可通过淡化工程，以浓缩海水支持海盐制造、提取溴素等化工工业，以中水用于清洁、洗涤等。工业余热利用可支持海水淡化和工厂化养殖。

四、加强海洋生态文明制度建设

（一）健全完善海洋规章制度

1. 建立海洋生态补偿机制，完善入海污染物总量控制制度

生态补偿原则是谁受益、谁补偿，谁破坏、谁恢复，谁污染、谁治理。即以市场和经济手段调节相结合，形成污染者付费、保护者得到补偿的局面。按照公平性、可持续性和可行性的原则，构建我国海洋环境损害生态补偿机制，形成以政府为搭台、市场运作、公众参与的海洋生态补偿、赔偿体系。对于入海污染物排放，科学制定污染物总量控制指标分配方案，按照时间、空间、污染物类型分配至排放口，建立污染总量控制和排污许可交易相结合的管理机制，逐步完善污染总量控制制度，以适应海洋生态文明区建设的新要求。

2. 建立健全企业海洋环境污染责任制度

企业是海洋污染的主体。我国海洋开发战略的推进将进一步扩大沿海企业规模，会进一步增加海洋环境压力。推进建立健全企业环境污染责任制度是实现"污染有人赔、污染有钱治"的根本保障，也是落实生态补偿制度的重要基础。在化工、石油、钢铁等行业中制定企业环境污染责任保险制度实施办法，待条件成熟后在全国推广实行。在海洋生态文明区建设中，特别是新批大型建设项目在启动之初即建立完善的企业环境污染责任制度。

3. 建立海洋资源环境承载能力监测预警机制

海洋资源环境承载能力是制定海洋区域政策和研制海洋空间规划的重要依据，在完善政府空间管治体系、统筹海洋空间合理配置、建设海洋生态文明中将发挥重要作用。通过构建海洋资源环境承载能力监测评估方法体系，积极开展海洋资源环境承载力监测评价与示范；搭建海洋

资源环境承载能力监测预警技术平台，设置预警控制线和响应线，制定预警响应措施；布局建设覆盖范围内的监测网络，开展定期监控，建立海洋资源环境承载力公示制度，做好相关政策的配套和衔接，逐步建立海洋资源环境承载能力监测预警机制。

4. 陆海统筹的区域污染防治联动机制

根据各类入海污染源特点加强入海污染源监督监测和分类监管，建立跨部门、跨区域的污染防治联动机制。对于河口及邻近海域生态环境影响较大的入海江河，建立河流入海断面考核机制，加强流域海域污染的联防联控；对于排放水质超标严重和对邻近海域生态环境影响较大的入海排污口，加强临海工业园区和排污企业的排污监管，严格执行排污混合区管理制度，从根本上解决陆源污染无序排放所带来的海洋环境污染问题。

（二）培育海洋生态文明理念

1. 发展海洋文化，保护海洋文化遗产

继承和发展传统海洋文化精华，发展具有新时代特征的现代海洋文化，提高涉海公共文化设施建设及开放水平，加强海洋文化的宣传和教育力度，提高海洋文化事业占海洋总支出的比例，用创新思维丰富海洋文化理念，转变单纯以开发、扩张、追求商业利益为目标的传统海洋文化观，增强海洋文化的国内国际间的交流与和合作，提高海洋文化的普及性、科技性和时代性。结合《全国海洋文化发展规划纲要》的实施，将海洋生态文明建设融入沿海地区的文化建设，树立科学发展、谋求海洋经济与生态环境相协调的新的海洋文化观，为海洋生态文明建设营造良好的社会氛围。

2. 加强宣传引导，培育海洋生态文明理念

深入开展海洋生态文明宣传教育工作，树立和强化海洋生态文明理

念，增强海洋生态文明建设的责任感和使命感。通过重点建设海洋保护区、海洋公园等海洋生态环境科普教育基地，增强全民海洋生态保护意识。建立完善公众参与机制，提高公众投身海洋生态文明建设的自觉性和积极性，树立人与海洋和谐相处的意识，宣传人与海洋平等、互利、共存的思想，使海洋生态文明的理念深入到社会各界，使人们自觉地关爱海洋、保护海洋，为促进生态文明建设提供强有力的文化支撑。同时，尽快推进完善公众对海洋生态文明建设过程中的监督机制和信息公开制度，形成海洋生态文明建设的社会合力。

五、开展海洋生态文明示范区建设

深入开展海洋生态文明示范区建设，充分发挥各行各业在海洋生态文明建设中的主体作用。根据不同发展阶段、资源环境禀赋、主体功能定位等条件，选择一批地区、区域开展多层次的海洋生态文明建设试点示范，鼓励各示范区大胆探索，力争在重大海洋制度创新上获得突破，及时总结有效做法和成功经验，不断完善政策措施，树立先进典型，凝练推广模式，发挥试点示范的带动效应，探索符合我国国情的海洋生态文明建设模式。科学制定海洋生态文明示范区建设发展规划，保障海洋生态文明示范区建设的资金需求。尽快制定完善生态文明建设的目标、指标体系和考核评估办法，加强对海洋生态文明示范区建设的科学引领和规范实施。最终形成若干个发展良好、各具特色的海洋生态文明区，以点带面，促进我国海洋经济又好又快发展，基本形成开发有序、排放有度、管理有据、资源节约、环境友好、人海关系和谐的海洋开发与管理局面。

六、建立海洋综合管理模式

以生态系统为基础，建立基于生态系统的海洋综合管理模式，就是要站在拓展国家战略发展空间和维护民族战略利益的高度，以全面贯彻落实科学发展观为指导，以建设海洋强国为目标，以保障近岸海域和谐发展、管辖海域和深远海海域加快开发、海洋权益有效维护为立足点，全面加强海洋综合管理和协调配合，综合运用法律、行政、经济和科技等手段，最终实现对我国海岸和近海海域、管辖海域、深远海和极地的综合管控和有效观测。具体包括：

(一) 完善海洋管理体制，强化海洋行政主管部门的地位和职能

建立健全各级海洋行政管理部门，建立有权威、效率高、职能相对集中、权责一致的海洋行政管理体制、海上执法体制以及跨部门的沟通协调机制，从制度上确立海洋部门的主体地位，为建设海洋强国提供组织机构保障。在国家层面，建立有权威、效率高、职能相对集中、权责一致的海洋行政管理体制和海上执法体制，从建设海洋强国的战略高度出发，在2013年国务院机构改革的基础上，充分发挥国家海洋委员会的议事协调和办事机构作用，继续理顺海洋管理体制，成立隶属于国务院的海洋行政管理机构，强化海洋综合管理，统筹协调海洋事务；完善海上统一执法机构，建立国家全球海洋监视监测中心、国家海洋综合管理研究院。在地方层面，要加强省、市、县三级，特别是市、县级海洋管理机构建设，把海洋综合管控能力建设纳入地方政府绩效考核体系。

(二) 推进海洋立法，提高法治保障能力

加快制定《海洋基本法》，完善我国海洋综合管控的法律体系。推动海洋内容列入《中华人民共和国宪法》，将滥用海域资源、严重破坏海洋生态环境、违法用海等违法行为写入《中华人民共和国刑法》。适时修订《中华人民共和国海域使用管理法》和《中华人民共和国海洋环境保护法》，启动《海区管理法》立法。推动《极地活动管理条例》的制定，做好《大洋资源勘探开发法》《涉外海洋科学研究管理规定》等法律制度的立法研究储备工作。加大海洋行政执法检查力度，继续强

化"海盾"、"碧海"等专项执法行动，坚决查处和打击违法违规围填海造地、超标超量陆源污染物入海排放、破坏与污损无居民海岛生态环境等海洋违法违规开发活动。建立海洋督察制度，加强行政复议工作，强化监督，严格追究违规违纪行为责任。

（三）强化综合管理，提高开发控制能力

以海洋生态红线制度为基础，对海洋和海岸带的重要生态功能区、生态敏感区、生态脆弱区实施严格管控。根据不同类型海洋生态红线的保护目标与管理要求，划定差别化产业准入环境标准，强化海域海岸线资源存量管理和精细化配置，调节近岸区域用海方向和规模。按照生态功能恢复和保育原则，引导自然资源合理有序开发，积极推动海域资源资产化管理，建立健全海域资源市场化配置机制，充分发挥经济手段在海域资源优化配置中的杠杆作用，集约节约利用近岸海域资源。加强对重大项目的用海审查，严格控制新建高耗能、高污染项目，遏制盲目重复建设，逐步建立海洋生态红线区域的补偿机制，有效控制入海污染物排放，加大海洋生态红线区的投入与建设，有计划、有重点地开展受损海洋资源环境的整治修复工程。

（四）建立海洋分区管理模式，优化资源配置

坚持规划用海、集约用海、生态用海、科技用海、依法用海，将海洋生态文明建设融入海洋事业发展的各方面和全过程，努力完善全国、省（自治区、直辖市）、市县三级海洋功能区划体系，创建海洋功能区划在海洋资源开发利用规划、海洋经济发展规划、海洋生态环境保护规划、涉海行业用海规划等相关规划编制中的引导和约束机制，切实提高海洋功能区划在海洋开发利用与管理中的权威性，合理引导近岸海域资源开发与环境保护。依据海洋功能区划，加强各类海洋功能区的跟踪监测与监督检查能力建设，优化海洋开发的空间布局，提高海洋开发利用

活动的宏观管理水平。

（五）加强海陆统筹，提高综合协调能力

根据陆地与海洋的空间关联性，以及海洋系统的特殊性，以海定陆，陆海统筹，积极推动陆域发展规划与海洋功能区划的衔接，开展陆海统筹管理机制创新与示范区建设，建立健全多部门齐抓共管的陆海统筹与跨区域协调联动机制，成立国家海洋局牵头，有关涉海部门和沿海地方政府组成的全国海洋开发与保护领导小组，切实加强组织领导与监督管理，提高海洋行政管理部门综合协调海洋/涉海事务的行政能力，统筹协调陆地与海洋的开发利用和环境保护。构建沿海地方政府的海洋资源环境管理综合协调机制，做好海洋、农业、环保、水利等各涉海部门海洋管理行动策略和工作布局的统筹衔接，实行统一监管、分部门实施管理，把海洋开发利用与生态环境保护的主要任务、重点工程落实到国民经济和社会发展的规划中。

第二节　重点任务的监管措施与考核手段

一、完善法律法规，强化执法监督

完善海洋法制法规建设，引进环境与资源保护新的理念和新的立法手段，构建符合海洋生态文明建设要求的法律体系，形成我国海洋法律体系。加强监督执法能力建设，提高执法人员队伍素质，完善和加强联合执法，提高执法效率，努力打破部门分割和地方保护，杜绝重复监管、相互推诿和转嫁污染等现象。进一步强化依法行政意识，加大海域使用管理、海洋环境保护、海岛保护、海洋资源保护专项执法力度，加强海上执法联动联络机制，重点查处"三边工程"，强化围填海监管、规范海砂开采管理程序、提高渔业永海确权办证率。规范环境执法行为，实行执法责任追究制，加强对环境执法活动的行政监察。

二、加强组织领导，落实相关责任

沿海各省（自治区、直辖市）是重点任务实施的责任主体。沿海各省（自治区、直辖市）人民政府要把重点任务的实施作为海洋生态文明建设的重要环节，切实加强任务实施的组织领导，制定年度实施方案，将建设目标和任务分解落实到各地（市）并签订责任状，纳入地方政府目标责任进行考核，实行党政"一把手"亲自抓，负总责；各地（市）应根据当地相关规划和政策，将建设任务落实到具体项目，确保建设任务的落实。国务院各部门及有关单位要按照法律和"三定"规定的职责，密切配合，做好任务实施的协调和指导工作，及时研究解决存在的问题。

三、严格考核制度，推动任务实施

国家海洋局应会同国家发改委、环保部以及国务院其他有关部门对各省（自治区、直辖市）重点任务的实施情况进行年度评估和考核，并将考核结果上报国务院，2018 年对建设实施情况进行中期评估，并对骨干工程项目进行适当调整，2020 年对实施情况进行终期考核。考核结果作为地方政府政绩考核的重要依据。对完成情况较好的地区进行表扬和鼓励；对未完成任务、未达到预期目标的地区进行通报批评；对导致海洋环境质量恶化，自然生态破坏的，追究有关部门和领导及有关人员的责任。

四、加强科技研发，提高支撑力度

国家和地方要加大对海洋生态文明建设相关研究的支持力度，组织科技攻关，加强开展基础性、前瞻性科技支撑研究，提升技术创新和应用能力。围绕优化海洋空间开发格局、海洋生态保护与建设等海洋生态文明建设重点任务的技术需要，开展近岸海域生态调查、监测与评价方法、海洋生态保护和修复理论与技术、全过程污染立体防治技术体系、海域环境灾害应急技术研究、海洋及海岸带生态区划与空间规划、沿海产业空间布局和结构优化调整的理论与技术研究、海域环境容量与总量分配利用技术、海洋资源环境承载能力监测预警技术及生态赔偿制度等方面科技研发。

五、鼓励公众参与，加强舆论监督

鼓励公众参与海洋生态建设重点任务决策过程，积极探索建立公众参与决策的模式，对涉及公众环境权益的发展规划和建设项目，通过召开听证会、论证会、座谈会或向社会公示等形式，广泛听取社会各界的意见和建议；实行建设项目受理公示、审批前公示和验收公示制度；畅通环境信访、环境"12369 监督热线"、网站邮箱等环境投诉举报渠道；提高公众参与意识，保障公众的知情权、参与权，充分发挥媒体与舆论的环境监督作用，加强环境保护工作的社会监督。

六、开展协同合作，形成区域合力

海水介质的流动性、系统性、开放性等特点决定了全面改善海洋生态环境质量需要多区域、多部门的共同努力。因此，要在海域—海域、海域—流域、海域—陆域之间建立海洋环境保护与治理区域一体化的协调合作机制，开展区域海洋环境保护、治理合作，整合区域海洋环境保护资源、力量，共同研究处理区域海洋生态环境问题，在环境管理、污染防治、生态保护、环境科技与产业等领域全方位开展合作，有利于提高区域海洋环境保护的整体水平，进一步改善区域海洋生态环境状况，有利于构建优势互补、资源共享的互利共赢格局，进而实现区域海洋生态环境与经济社会全面、协调和可持续发展。

参考文献

1. 中国海洋可持续发展的生态环境问题与政策研究课题组．中国海洋可持续发展的生态环境问题与政策研究［M］．北京：中国环境出版社，2013.

2. 国家海洋局．2015 年中国海洋环境质量公报［R］．北京：国家海洋局，2016.

3. 国家海洋局．2014 年中国海洋环境质量公报［R］．北京：国家海洋局，2015.

4. 国家海洋局．2013 年中国海洋环境质量公报［R］．北京：国家海洋局，2014.

5. 国家海洋局．2012 年中国海洋环境质量公报［R］．北京：国家海洋局，2013.

6. 国家海洋局．2011 年中国海洋环境质量公报［R］．北京：国家海洋局，2012.

7. 国家海洋局．2010 年中国海洋环境质量公报［R］．北京：国家海洋局，2011.

8. 国家海洋局．2009 年中国海洋环境质量公报［R］．北京：国家海洋局，2010.

9. 国家海洋局．2008 年中国海洋环境质量公报［R］．北京：国家海洋局，2009.

10. 国家海洋局．2007 年中国海洋环境质量公报［R］．北京：国家海洋局，2008.

11. 国家海洋局．2006 年中国海洋环境质量公报［R］．北京：国家海洋局，2007.

12. 国家海洋局．2015 年海域使用管理公报［R］．北京：国家海洋局，2016.

13. 国家海洋局．2011 年海域使用管理公报［R］．北京：国家海洋局，2012.

14. 国家海洋局第三海洋研究所．中国海洋生物多样性保护战略与行动计划研究报告（2013—2030）［R］．2013.

15. 黄勤，曾元，江琴．中国推进生态文明建设的研究进展［J］．中国人口．资源与环境，2015，2（25）：111-120.

16. 陈建华．对海洋生态文明建设的思考［J］．海洋开发与管理，2009，26（4）：40-42.

17. 徐春．对生态文明概念的理论阐释［J］．北京大学学报（哲学社会科学版），2010．1：61-63.

18. 刘家沂．构建海洋生态文明的战略思考［J］．今日中国论坛，2007，36（12）：

44-46.

19. 秦成逊，任鑫圆，吴慧．生态文明制度建设研究综述［J］．昆明理工大学学报（社会科学版），2014，14（1）：30-34.

20. 王新程．推进生态文明制度建设的战略思考［J］．环境保护，2014，6：37-41.

21. 白杨，黄宇驰，王敏．我国生态文明建设及其评估体系研究进展［J］．生态学报，2011，31（20）：6295-6304.

22. 关琰珠，郑建华，庄世坚．生态文明指标体系研究［J］．中国发展，2007，7（2）：21-27.

23. 高珊，黄贤金．基于绩效评价的区域生态文明指标体系构建——以江苏省为例［J］．经济地理，2010，30（5）：823-828.

24. 赵景柱．关于生态文明建设与评价的理论思考［J］．生态学报，2013，33（15）：4552-4555.

25. 谷树忠，胡咏君，周洪．生态文明建设的科学内涵与基本路径［J］．资源科学，2013，35（1）：2-13.

26. 毛惠萍，何璇，何佳．生态示范创建回顾及生态文明建设模式初探［J］．应用生态学报，2013，24（4）：1177-1182.

27. 张庆彩，吴椒军，李莉．中国生态文明建设的理论与实践［J］．未来与发展，2011，10.

28. 刘薇．北京生态文明制度建设思路与推进措施研究［J］．市场论坛，2013，116（11）：13-15.

29. 俞树彪，阳立军．海洋区划于规划导论［M］．北京：知识产权出版社，2009.

30. 何广顺，李双建，刘佳，等译．海洋空间规划——循序渐进走向生态系统管理［M］．北京：海洋出版社，2010.

31. 吕彩霞．海洋综合管理问题探讨［J］．中国软科学，2001（6）：14-16.

32. 初建松．基于生态系统方法的大海洋生态系管理［J］．应用生态学报，2011，22（9）：2464-2470.

33. 刘慧，苏纪兰．基于生态系统的海洋管理理论与实践［J］．地球科学进展，2014，29（2）：275-284.

34. 王森，毕建国，段志霞．基于生态系统的海洋管理模式初探［J］．海洋环境科学，2008，27（4）：378-382.

35. 于思浩. 海洋强国战略背景下我国海洋管理体制改革［J］. 山东大学学报（哲学社会科学版），2013，6：153-160.

36. 张云峰，张振克，张静，等. 欧美国家海洋空间规划研究进展［J］. 海洋通报，32（3）：352-360.

37. 张兰英，张宗柯. 国内外生态文明建设经验初探［J］. 福州党校学报. 2013，（5）.

38. 韩增林，刘桂春. 人海关系地域系统探讨［J］. 地理科学，2007，27（6）：761-767.

39. 袁红英，李广杰. 海洋生态文明建设研究［M］. 济南：山东人民出版社，2014.

40. 许妍，梁斌，马明辉，等. 我国海洋生态文明建设重大问题探讨［J］. 海洋开发与管理，2015，（5）：87-90.

41. 张志强，孙成权，程国栋，等. 可持续发展研究：进展与趋向［J］. 地球科学进展，1999，14（6）：589-594.

42. 肖笃宁，陈文波，郭福良. 论生态安全的基本概念和研究内容［J］. 应用生态学报，2002，13（3）：354-358.

43. 贾卫列，杨永岗，朱明双，等. 生态文明建设概论［M］. 北京：中央编译出版社，2013.

44. 贾俊艳，何萍，钱金平，等. 海岸建设退缩线距离确定研究综述［J］. 海洋环境科学，2013，32（3）：471-474.

45. 沈满洪. 生态文明制度的构建和优化选择［J］. 生态经济，2012，12：18-22.

46. 杨伟民. 建立系统完整的生态文明制度体系［N］. 光明日报，2013-11-23.

47. 周宏春. 生态文明建设的路线图与制度保障［J］. 中国科学院院刊，2013，28（2）：157-162.

48. 王鹏，王伟伟，蔡悦荫. 基于海域使用功能的海岸建筑后退线确定研究［J］. 海洋开发与管理，2009，26（11）：16-20.

49. 李莉，周广颖，司徒毕然. 美国、日本金融支持循环海洋经济发展的成功经验和借鉴［J］. 生态经济，2009，2：90.

50. 杨书臣. 日本海洋经济的新发展及其启示［J］. 港口经济，2006，4，60.

51. 徐嘉蕾，李悦铮. 日本海洋经济经营管理模式、特点及启示［J］. 海洋开发与管理，2010，9，68-69.

52. 谢子远，闫国庆．澳大利亚发展海洋经济的经验及我国的战略选择 ［J］．中国软科学，2011，9，20．

53. 孙钰．生态文明建设与可持续发展——访中国工程院院士李文华 ［J］．环境保护，2007，（21）：32-34．

54. 蒋高明．怎样理解生态文明 ［J］．中国科学院院刊，2008，23（1）：5．

55. 郑冬梅．海洋生态文明建设——厦门的调查与思考 ［J］．中共福建省委党校学报，2008，（11）：64-70．

56. 马彩华，赵志远，游奎．略论海洋生态文明建设与公众参与 ［J］．中国软科学增刊（上），2010，（S1）：172-177．

57. 杨平．着力加强生态文明制度建设 ［J］．辽宁行政学院学报，2013，15（11）：109-113．

58. 刘赐贵．加强海洋生态文明建设促进海洋经济可持续发展 ［J］．海洋开发与管理，2012，6：16-18．

59. 刘佳．建立健全生态文明制度体系．推动生态文明建设迈上新台阶 ［J］．理论学报，2013，12．

60. 刘薇．北京生态文明制度建设思路与推进措施研究 ［J］．改革论坛，2013，116（11）：13-15．

61. 何燊．关于加快生态文明制度体系建设的几点建议 ［J］．发展研究，2014，2：108-110．

62. 刘健．浅谈我国海洋生态文明建设基本问题 ［J］．中国海洋大学学报（社会科学版），2014，2：29-31．

63. Leo Van Rijin. On the use of setback lines for coastal protection in Europe and the Mediterranean：practice, problems and perspectives ［EB/OL］．http：//www.conscience-eu.net/documents/deliverable12-setback-lines.pdf，2010-03-31．

64. Sanò M, Marchand M, Medina R. Coastal setbacks for the Mediterranean：a challenge for ICZM ［J］．Journal of Coastal Conservation，2010，14：33-39．

65. Essink K, Dettmann C, Farke H, et al. Wadden Sea Quality Status Report ［R］．2004，Wadden Sea Ecosystem No.19-2005，2005．

66. http：//www.vrom.nl/notaruimte/0202100000.html．

67. Office of state planning（2002），Hawaii ocean resources management plan，pp41．